富人理财策略

杨红书◎编著

北京工业大学出版社

图书在版编目（CIP）数据

富人理财策略 / 杨红书编著. —北京：北京工业大学出版社，2012.8

ISBN 978-7-5639-3178-1

Ⅰ. ①富… Ⅱ. ①杨… Ⅲ. ①财务管理—通俗读物 Ⅳ. ①TS976.15-49

中国版本图书馆 CIP 数据核字（2012）第 165448 号

富人理财策略

编　　著：杨红书
责任编辑：杜曼丽
封面设计：尚世视觉
出版发行：北京工业大学出版社
（北京市朝阳区平乐园 100 号　100124）
010-67391722（传真）　bgdcbs@sina.com
出 版 人：郝　勇
经销单位：全国各地新华书店
承印单位：唐山才智印刷有限公司
开　　本：787 mm×1 092 mm　1/16
印　　张：17
字　　数：219 千字
版　　次：2012 年 9 月第 1 版
印　　次：2021 年 1 月第 2 次印刷
标准书号：ISBN 978-7-5639-3178-1
定　　价：32.00 元

序　言

你是否曾经抱怨过自己未曾含着金钥匙出生？是否在面对生活琐碎的时候只会感慨人生？是否喜欢在做事之前加一句：如果我是有钱人呢？

在抱怨这些的同时，你是否思考过什么才是真正的理财，你自己和所谓有钱人之间的差距在哪里？那么在阅读这本书之前，请你想想下面几个问题。

你是否已经下定决心开始理财？大部分人认为“理财”等于“不花钱”，进而联想到理财会降低花钱的乐趣与生活品质。理财真的会剥夺生活的乐趣和品质吗？答案当然是否定的，而且成功的理财还能为你创造更多的财富。理财并不是一件困难的事情，困难的是自己无法下定决心理财。如果你永远也不学习理财，终将面临财务窘境。只有你自己先下定决心“自己”理财，才算迈开成功理财的第一步。

你是否拥有财务独立的能力？当你终于下定决心自己理财了，接下来的问题就是你的财务是否独立。这里所说的“财务独立”是指“排除恶性负债，控制良性负债，理性地投资”。恶性负债就是人为不可控制的负债，例如生病、意外伤害、车祸、地震及台风等，这些都属于恶性负债。所以财务独立的第一个表现就是你是否拥有一份符合自己条件的保险？因为只有这样才能将意外带来的金钱损失转嫁给保险公司，让你去除后顾之忧。财务独立的第二个表现是

控制良性负债。良性负债就是你可以自己控制的负债，例如日常生活的花费、娱乐费、子女教养费、房屋贷款及汽车贷款等都是可以控制的良性负债。对刚进入职场的新人来说，前几年所选择的生活方式有可能影响未来的生活模式。例如选择在外租房子、生活花费高的人，每月所结余的所得就很有限，还有可能发生负债的情形；对于选择与家人同住、生活花费低的人，每月所结余的所得就相对比较高，而且还可以拿出大部分积蓄从事投资。聪明的你一定要学会控制良性负债。财务独立的第三个表现就是从事理性的投资。理性的投资简单地说，就是“投资人了解所欲投资标的的内涵与其合理报酬后，所进行的投资行为”。强调理性投资的重要性，是因为投资不当会导致负债的严重后果。

你是否知道什么是理财投资？你的观念是不是认为理财只有交给专家才最稳当？没错！把理财交给专家的观念是正确的。但在你把钱交给专家理财之前，是不是确认这个“理财专家”是“真的”理财专家，而且对这个“理财专家”会以你的最大利益为最终理财的目的有把握。如果你没有十足的把握，那么你自己学习理财知识就是必需的工作。

你是否拥有个人财务目标及实行计划？理财目标最好是以数字衡量，并且是你可能需要一点努力才能达到的。说得简单一点，就是请先检视你自己每月可存下多少钱、要选择投资报酬率多少的投资工具、预计需花多久时间可以达到目标。建议你第一个目标最好不要定得太难实现，所需达到的时间在2~3年之内最好。当达到第一个目标后，就可定下难度高一点、花费时间3~5年的第二个目标。

你是否养成了良好的理财习惯？若不把理财当做一个习惯来养成，那么在开始理财的初期可能就会功亏一篑了。因为理财最困难的时期，就是在刚开始理财的时候。通常刚下定决心理财的人，往往凭着一股热情，期待理财能马上立竿见影，立即改善个人财务结构。但他们却常常忽略了一点：初期理财的绩效，是不容易有显著表现的。于是在一段期间后，对理财失望的情绪就浇熄了当初的热情，并产生认知上的差距，所以原来设定的理财目标就硬生生地被放弃，也放弃了个人成功的机会。

你是否能够定期检视理财成果？不论做任何一件事，学管理的人都很讲究事前、事中、事后的控制。因为经由这些控制，才可以确定事情的发展是不是朝着既定的目标前进；若不是，也可以及早发现，立即作出修正。理财投资是有关钱的事情，不可疏忽大意。设定理财目标，拟订达到目标的步骤，就是理财的事前控制。“记账习惯的养成”就是在理财中控制的工作。在你自己前几次的记账记录中，就可以知道你个人日常生活财务运作的状况。事后控制是指你个人理财投资计划完成时所做的得失检讨结果，也是另一阶段理财投资规划所需要参考的重要资料。

如果对于以上的问题你的答案都是肯定的，那么相信你的荷包一定一直都是满满当当的；如果不是，你是否该反思自己的问题到底出在哪里？或许这正是这本书中要讲到的理念和方法所能带给你的收获，让你懂得如何才能真真正正成为一个会理财的人，成为一个有钱人。

目　　录

准备篇　科学理财从“洗脑”开始

信念篇　商业世界不相信眼泪

行动篇　用钱去投资，而不是抱着钱睡大觉

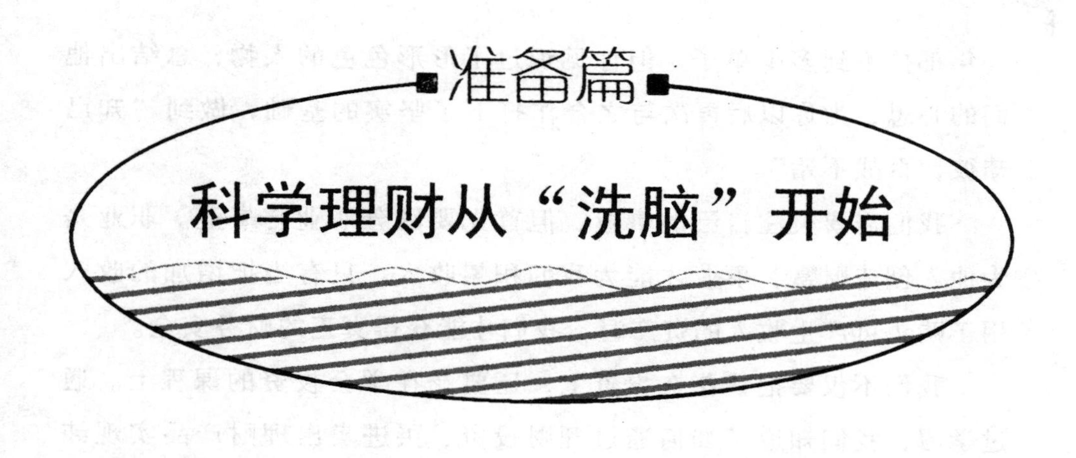

第一节　穷爸爸　富爸爸

《富爸爸 穷爸爸》是一个真实故事，作者罗伯特·清崎的亲生父亲和朋友的父亲对金钱的看法截然不同，这使他对认识金钱产生了兴趣，最终他接受了朋友的父亲的建议，也就是书中所说的“富爸爸”的观念，即不要做金钱的奴隶，要让金钱为人们工作，并由此成为一名极富传奇色彩的成功的投资家。这本书想必很多人都看过，可是对于“穷爸爸”和“富爸爸”，我们到底该如何理解呢？

富爸爸教会作者如何通过合理途径免除税收，鼓励作者进行投资，应学会“首先支付自己”。穷爸爸却要求作者认真学习，找份稳定的工作。

穷人和中产阶级为钱而工作，富人让钱为他们工作。在创业的初期，我们不能只看重工作报酬，而应考虑到工作可能给我们带来多少宝贵的经验，这些才是无价的。去当一名业务员，可能你推销

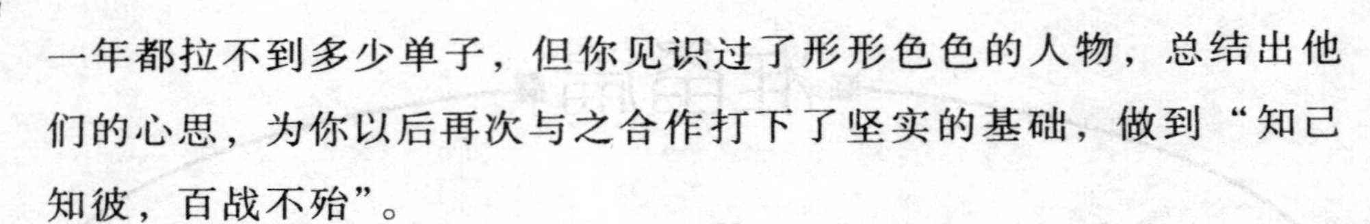

一年都拉不到多少单子，但你见识过了形形色色的人物，总结出他们的心思，为你以后再次与之合作打下了坚实的基础，做到“知己知彼，百战不殆”。

我们需要关注自己的事业，但首先要区分职业与事业。职业是为他人创造财富，事业才能为我们积累收入。只有当把增加的收入用于购买可产生收入的资产时，我们才能获得真正的财务安全。

我们不仅要把钱花在投资上，还要花在学会投资的课程上。通过学习，我们知道了如何通过理财投资、买进卖出理财产品实现纯收入。

之所以世界上绝大多数人为了财富奋斗终生而无所得，主要是因为他们在学校中学到各种专业知识，但却从未真正学习到关于金钱的知识，结果就是他们只知道为了钱而拼命工作，而从不思索如何让钱为他们工作。因为懒得动用头脑发掘商机，最终也没能过上悠闲自在的日子，只能为了偿还贷款终其一生。大多数穷人或中产阶级财务保守的基本原因在于不能承担风险，这意味着他们的财务知识匮乏。因此，我们应该意识到财务知识对我们的重要性，要学会理财，掌握相应的理财知识。

然而，掌握理财知识的人很多时候仍然不能拥有充裕的资产项目，这原因包括对可能损失金钱的畏惧心理。恐惧本身并不是问题，问题在于如何克服恐惧心理，如何处理损失问题。我们会对自己产生怀疑，当我们有所计划的时候这种可怕的感觉在心中滋生，如此强烈，以至于我们无法将此付诸行动，我们无法向前迈进，因为我们想守着那些安全的东西，而机会却从身边溜掉了。眼睁睁地看着时光流逝，心中的结使我们无所作为。愤世嫉俗者抱怨现实，成功者分析现实。成功者通过分析使他们看到那些愤世嫉俗者无法看到的东西，也能发现被其他人都忽视了的机会，这正是取得成功的原因。

总是抱怨而不是去分析，总是看到细节上的麻烦而看不到解决麻烦之后总体上的巨大收益。这就是使一些人生活贫穷的思维方式。

通过问自己“怎样才能支付这个”来树立一个目标，而不是简单地说一句“我不能支付这个”，目标并不重要，只是在这一过程中我们会有所收获，打开了我们充满了可能性的快乐和梦想之门。

下面我们来讲一个关于《富爸爸 穷爸爸》这本书的故事。

小明失业了，从北京的某大学毕业后就加入了学生期间兼职两年的广告公司，无奈公司前两年扩张太快欠了很多债。小明趁机会回南京老家休息调整一下，他很爱读《富爸爸 穷爸爸》之类的财经书。

父亲问：“在北京工作得好吗？”

小明答：“很开心。公司是同学小张爸爸开的，在那里学到了很多知识。”

父亲继续问：“小张爸爸应该有很多知识吧？”

“那还用说，感觉就像《富爸爸 穷爸爸》中的迈克老爸，我离开时，他说准备东山再起。您熟悉如何投资理财吗？”小明说。

父亲眼光一亮，和蔼地说“我一直想找机会给你谈谈这本书，今天难得你有空，我就给你讲讲我的理解。

“我认识很多像你张叔叔那样的人，他们有的成功有的失败。如今网络信息时代，一个赚钱的方法很快就会被模仿，除非国家允许你垄断经营。信息大家都知道了，有的人很快行动起来，而有的人迟迟不动，甚至丧失了各种机会。”

“我应该怎样看待《富爸爸 穷爸爸》这本书呢？”小明问。

“理解书里的资产负债表，看看你的能力能给你带来多少收入并量入为出。这不是最重要的，最重要的是你要有克服困难的心理：首先你已经体验到了各种问题，你怎样排除愤世嫉俗的心理？你怎样克服自负的心理，能够虚心向别人求教？”

其实在我国，现在富爸爸和穷爸爸可能和这本上的正好相反，如果我们不能理解中国的国情，就不能够好好地利用这本书。2000年《富爸爸 穷爸爸》登陆中国，然后是房产价格飙升，股市先起后落，很多有识之士从中获益。现在的情况变得更加复杂了，《富爸爸 穷爸爸》让我们入市投资，风险来了，何时退出也成为一个重要技能。当信息被很多人掌握时，这个信息就没有用了。所以对《富爸爸 穷爸爸》的理解不能只限于投资技巧，而更应注重投资的理念。

第二节　穷则思变的理财哲学

首先，我们应该先来了解一下什么是“穷则思变”，以及这个词之于中国国情的含义。“穷则思变”是20世纪后半叶最鼓舞人心、最激励斗志的口号之一。语出《周易·系辞下传》：“《易》，穷则变，变则通，通则久。”说的是事物发展到极点就要发生变化，变化才能畅通，畅通才能持久。

对这句话，一般人耳熟能详，源于一段毛主席语录：“除了别的特点之外，中国六亿人口的显著特点是一穷二白。这些看起来是坏事，其实是好事。穷则思变，要干，要革命。一张白纸，没有负担，好写最新最美的文字，好画最新最美的画图。”说的是当代中国人因为贫穷，就要靠奋斗来改变贫穷的面貌。

中华民族是一个重视变化的民族。五千年生生不息，“穷则变”是重要原因。《周易》就是专讲变化之道的书，居五经之首。这部书的两大部分，《易经》大约成书于周初，《易传》大约成书于战国。从周初到战国，正是中国上古社会发生大变革、实现大发展的时期，为汉、唐辉煌奠定了坚实的政治思想基础。只是宋、明以后，由于多种原因，中央集权专制变本加厉，封建纲常即“君君、臣臣、父父、子子”，特别是君权趋于绝对化，人们对社会变迁包括改朝换代的思考陷入循环论的怪圈，社会变化之道完全沦为“变通”的统治之术。这就使中国人发展的方向走入了误区，创造的智慧受到了极大的抑制。

进入近代以后，中国因为不能及时适应变化了的世界局势、不

能有效应对变化了的外部挑战而被动挨打。鸦片战争后有洋务运动，而后有甲午战争的惨败；甲午战争后有戊戌变法，而后有庚子事变的劫难。在被动应付导致被动挨打之后，又走上激进变革、为变而变的另一个极端，最终导致欲速则不达，折腾来折腾去而自伤元气的结果。庚子事变以及日俄战争后有清末新政以至辛亥革命，而后有巴黎和会的屈辱，“五四”运动遂以此为导火索而爆发。自此之后，中国数千年传统权威，从政治上、思想上、组织上都丧失其合法性。随着内忧外患愈演愈烈，人们愈加归咎传统、埋怨现实，冀望把过去及其延续之现存的一切全盘推翻，好让新的一切自然地、顺利地建立或生长起来。这一过程并未因新中国建立而止步，只是由战争的方式变为运动的方式，至“文化大革命”时期达到顶峰。

为什么在社会变革的问题上举措失宜，即使在付出无数的时间、财富乃至生命之后仍难以找到稳定的解决之道呢？究其原因，是没有正确把握变的真正意义。起主导作用的是机械论的变化观，以为一种社会形态演进到另一种社会形态，是前后迥然有别、泾渭分明的；对传统文化系统之精华与糟粕，可如庖丁解牛般任意宰割、任意取舍。不知新旧社会形态是你中有我、我中有你，而且新的社会形态终究要从旧的社会形态中生长出来才行；精华与糟粕也是杂然纷呈、互为条件，共同构成一个有机体。这种机械论的变化观，其本质在于视历史和传统不仅可“任意打扮”，而且可任意糟蹋。

如何正确把握变的真正意义？我们不妨从先人的智慧中获得灵感。中国古代哲学以《周易》之“易”为“变化之总名，改换之殊称”，认为“易一名而含三义”：简易、变易、不易（见《周易正义卷首》）。简言之，所谓简易，即简便易行；所谓变易，即与时俱进；所谓不易，即守常不失。

时至今日，正确的社会变革之道，须摒弃机械论的变化观，跳出破旧立新的思维定式，从确立目标社会的蓝图出发，走立新弃旧、变旧为新，此涨彼消、水到渠成的新路子。其要素有三：首先，要确定不易之道，即目标社会的核心价值观。第二，要确定简易之法，即目标社会的有效治理模式。第三，要确定变易之途，即由现实社会（包括了传统因素和现代因素的社会）转向目标社会的关键条件。而这些变革之道，当然也同样应用于适合中国国情的理财之道。统而言之，理财要在最难变化的方面作出努力，用积极的、渐进的、不断累积的变化，去实现自身价值的根本性的变革。这需要你自己坚忍不拔的奋斗。列宁还说过："根本改变生活的一切方面是需要时间的……习惯势力只有经过长期的坚韧的斗争才能克服。"此所谓"积小成而渐大成"。欲实现理财本质性变革的成功，舍此，别无他途。

将生活费用变成第一资本

一个人用100元买了50双拖鞋，拿到地摊上每双卖3元，一共得到了150元。另一个人很穷，每个月领取100元生活补贴，全部用来买大米和油盐。同样是100元，前一个100元通过经营增值了，成为资本。后一个100元在价值上没有任何改变，只不过是一笔生活费用。贫穷者的可悲就在于他的钱很难由生活费用变成资本，更没有资本意识和经营资本的经验与技巧，所以贫穷者就只能一直穷下去。

因为渴望是人生最大的动力，只有对财富充满渴望而且在投资过程中享受到赚钱乐趣的人，才有可能将生活费用变成"第一资本"，同时积累资本意识与经营资本的经验与技巧，获得最后的成功。

最初几年会有最大的困难

其实，贫穷者要变成富人，最大的困难是在最初几年。财智学中有一则财富定律：对于白手起家的人来说，如果第一个百万花费了10年时间，那么从100万元到1000万元，也许只需5年，再从1000万元到1亿元，只需要3年就足够了。这一财富定律告诉我们：因为你已有丰富的经验和启动的资金，就像汽车已经跑起来，速度已经加上去，只需轻轻踩住油门，车就会前进如飞。开头的5年可能是最艰苦的日子，接下来会越来越有乐趣且越来越容易。

贫穷者不仅没有资本，更可悲的是没有资本意识，没有经营资本的经验和技巧。贫穷者的钱如不变为资本，也就只能一直穷下去。

贫穷者的财富只有大脑

人与人之间在智力和体力上的差异并不是想象的那么大，一件事这个人能做，另外的人也能做。只是做出的效果不一样，往往是一些细节决定着完成的质量。

假如一个恃才傲物的职员得不到老板的赏识，他只是简单地把原因归结为不会溜须拍马，那就太片面了。老板固然不喜欢不尊重自己的人，但更重要的是老板能看出一个人的价值和能力。同样，假如一个人第一次去办营业执照，就和办执照的人吵得不可开交，可以肯定这个人办的那个小店永远只能是个小店，做大很难。这样的心态，别说投资，连日常理财都难做好。

很多投资说到底像一种赌博，赌的就是将来的收益大于现在的投入。投资是件风险极大的事，钱一旦投出去就由不得自己。贫穷者是个弱势群体，从来没把握过局势，很多时候连自己也不能支配，更不要说影响别人。贫穷者投资，缺的不仅仅是钱，更是行动的勇气、智慧与财商。

贫穷者最宝贵的资源是什么？不是有限的那一点点存款，也不是身强力壮，而是大脑。以前总说思想是一笔宝贵的精神财富，其实在我们这个时代，思想不仅是精神财富，还可以是物质化的有形财富，很多时候是可以喊价出售的。一个思想可能催生一个产业，也可能让一种经营活动产生前所未有的变化。

人与人之间最根本的差别不是高矮胖瘦，也不是做什么工作的问题，而是装着经营知识、理财意识与资本思想的大脑。

贫穷者的发财故事

人再穷也会有美好愿望，所以才有那么多的民间故事，让放牛的董永撞到了一个七仙女，让打鱼的老头捡到一颗夜明珠。人们创造的这些发财故事，都带有一种偶然性，可遇不可求。贫穷者讲这些故事，听这些故事，也就是过把嘴瘾和耳瘾而已。其实，只要你愿意，你也可以成为董永或是夜明珠的拥有者。

有一位伟人的话我们都很熟悉，大意是一个人的价值大小，不是看他向社会索取多少，而是看他贡献多少。相比之下，按劳分配并不是按你的劳动量来分配，“多劳”不是让你累死，而是要生产出更多的价值。只要你愿意，你劳动的能力越强，创造的价值越多，就越可能获得高的收入。贫穷者最根本的投资是对自身能力的投资。

说到资本家，贫穷者就联想到那些剥削工人剩余劳动价值的人，心中自然有种抵触情绪。实际上，只要你愿意，你也可以让资本运作起来当资本家，资本市场是向每一个人开放的，其中也有你的那一份天地。

不要用运气为贫穷开脱

关于资本的故事每个人都听过不少。比如某个美国老太太，买了一百股可口可乐，压了几十年，成了千万富婆；某位中国老太太，捂了10年深发展原始股，也成了超级富婆。故事的主角都是老太太，居然一弯腰就捡了一个金娃娃。

从理论上讲，美国老太和中国老太的投资都是成功的，但对更多的人而言，却很难有什么推广价值。两个老太凭着什么能够坚持捂股？不是理智的分析，也不是坚定的信心，而是什么都不懂，要么是压在箱底忘在脑后了，要么是运气的因素。贫穷者把很多事情都归于运气。因为只有运气是最好的借口，可以为自己的贫穷开脱，“运气不好”是所有失败者的疗伤良药。

在商品经济时代，人人都会有运气，不劳而获不仅是可耻的，而且是不可能的。一个人之所以有权获得收入，是因为他对社会有所贡献，社会才给了他回报。

教育是最大投资

学历只是一种受教育的证明。人在学校里学到的只是一些综合性的基础知识，人一辈子都需要学习。有一篇报道，江苏省2003年高学历（本科及以上）者人均年收入超过11万元，小学文化程度者只有3708元，二者相差30多倍。经济收入的悬殊，已经造成实际上社会地位的不同和生活的不同。在当今社会，要想过上稍稍像样一点的生活，就必须有一个高学历。

学历要多高才算得上是高学历呢？10年前能上大学就很了不起了，现在本科已经是基本要求，连硕士就业也让用人单位挑肥拣瘦，教育的压力对每个人来说都是严峻的。而一个中等城市里的一般家庭，培养出一个本科毕业生，要花多少钱呢？江苏省城市调查队曾经作过一项调查，按2003年教育支出水平计算，有孩子上学的家庭一年需为每个孩子支出6727元，占普通家庭总收入的27.4%。按各学级的费用计算，一点弯路不走，将一个孩子培养到大学毕业共需花费18万元，这还不包括孩子在家的一切生活费用。设身处地想一想，18万元对一般收入家庭也不是个小数目，对低收入家庭来说，要解决这项经费，唯一的办法就只有省吃俭用。

教育是最大的投资，对很多贫穷者来说，他们的命运是和受教育程度密切相关的。因为贫困不是一种罪过，但贫困中的人都不得不承受它的恶果。

知识向资本靠拢

有个故事说的是一个国王要感谢一个大臣，就让他提一个条件。大臣说："我的要求不高，只要在棋盘的第一个格子里装1粒米，第二个格子里装2粒，第三个格子里装4粒，第四个格子里装8粒，以此类推，直到把64个格子装完。"国王一听，暗暗发笑，要求太低了，照此办理。不久，棋盘就装不下了，改用麻袋，麻袋也不行了，改用小车，小车也不行了，粮仓很快告罄。数米的人累昏无数，那格子却像个无底洞，怎么也填不满……国王终于发现他上当了，因为他会变成没有一粒米的穷者。一个东西哪怕基数很小，一旦以几何级倍数增长，最后的结果也会很惊人。

贫穷者的发展难，起步难，坚持更难。就那么几粒米，你自己都没了胃口。可一件事情的成功，往往就在于最后一步。就像这个故事，当积累到一定的时候，只需要跳一下格子，你就收获非凡了。这之前的一切都是铺垫，没有第一粒米，就没有后面的小车大车，

这个过程是漫长的亦是艰难的。但是世界上聪明人很多，有知识的人遍地都是，但真正能发大财的却少，要把知识变为知本，只有和资本联姻才行。

富人靠资本生钱，贫穷者靠知本致富。以知本作为资本，赤手空拳打天下，可能是现代贫穷者们最后也最辉煌的梦想。但是一个生活在底层的人，很难有俯瞰的眼光和轩昂的气度，贫穷者内心最缺乏的其实就是这种自信。那么，就培养这种自信吧。

第三节　思路决定财路

在商业世界里，没有固定的模式可以遵循，一切都是变化的。同一个项目可以有很多不同的想法、思路，无论这些想法是对是错、可行或不可行，你都会从中得到有益的启示。

多与同行交流就可以获取信息，如果你抱着自己天下第一的心理，一味蛮干，那你就必然会成为井底之蛙，视野必定受限，思路也无法打开。所以，必须尽可能多地与人交流，让他人贡献有用的思路，打开你的思路。

今天的市场是如此不确定，如果不与其他的经营者交流，很容易盲目。特别是当你感觉不太好时，应该就你的工作与别人进行交流。此时，获得反馈和支持是非常重要的。

肯定有一些人会赞同你的工作，这会使得你信心倍增。商业投资充满了风险，这很容易让人举棋不定。在与人交流的过程中，对方建设性、鼓舞性的话语，会让你充满自信，获得更多更好的商业灵感。

许多商业投资都需要借助额外的、有价值的信息，才能稳步推进。意外地获得行业内外的各种信息很重要。在与各种人交流的过程中，对方无意中提及的某个信息，对你来说就可能是最有价值的商业信息。

浙江宋城集团创始人黄巧灵说：“这个年代是个共享的年代，自己自由地共享着别人的成果，也想多与同行交流，让自己的眼界更宽。开阔的视野会给我一个高度，犹如站在顶峰一样，笑傲一番

的。”由此可见，做生意重要的是打开思路。

1935 年，日本索尼公司试制成功了第一台晶体管收音机。虽然这种收音机体积最小，但与原来社会上通用的笨重的真空管收音机相比，性能却大大提高了，而且也非常实用。经过艰难的推销工作，新产品的订单渐渐多了起来。

让人大为惊喜的是，有一天突然冒出一位客商，居然一次要订购10 万台晶体管收音机。10 万，这在当时近似于天文数字。10 万台订货的利润足以维持索尼公司好几年的正常生产。全公司的职员无不为此欢欣鼓舞，都希望给这位客商以优惠，尽快订下合同。

不料，公司总部突然宣布了一条几乎是拒绝大客商订货的奇异价格“曲线”：订货5 000台者，按原定价格；订货1 万台者，价格最低；订货过 1 万台者，价格逐渐升高，如果订货10 万台，那么只能按照可以使人破产的高价来订合同。

如此奇异的价格“曲线”令公司职员及客商大为不解。因为按照常理，总是订货越多，价格也就越低。所有的人都不明白，索尼公司到底是唱的哪出戏呢？盛田昭夫后来向他的职员透露了他“着眼将来，力避后患”之计。

订货越多，单价就越低，就一般情况而言，是成功、完善的方案。以此方案订下10 万台合同也足以使索尼公司在短时间内大踏步地前进一步。但从将来企业的长远发展而言，由于盲目投资、盲目扩大生产规模而造成的生产不稳定，忽上忽下，那么公司倒闭的后患也就在不知不觉当中埋下了。

公司所制定的价格“曲线”旨在引导客户接受对双方都有利的1 万台订货数量。为避免后患，公司目前最需要的就是1 万台左右的客户。这里，索尼公司经营者的想法是：先放弃“盆”中小利而得到“锅”中大利，从财势的长远走势作出经营决策。这真是一个非常保险而又不乏眼光的决定。

可是，我们又能够想到多远，想到第几步呢？如果我们能看清财势的走向，着眼将来，我们做事就会有目标，因为我们知道做这件事有什么意义，我们为什么要做，我们做了之后会有什么样的后果。这样的话，我们就能够从努力奋斗之中获得成就感，获得乐趣！

真正精明的理财者更善于从长计议，为未来打算。看清财势的走向再作决定。财势的变动一般取决于以下三个方面。

（1）行业变化。公司自身的经营方向和规模大小是一切的基准，无论市场有多大，吃不下无法获利，不考虑市场潜力，吃不饱就要亏本。

（2）市场变化。某些商品原来畅销，现在忽然疲软、卖不动了；或是过去没人买，突然现在抢手了。这种市场变化，表面看难以解释，其实都有原因。不外乎是商品生产量多了或少了、质量变好还是变坏了，或是某些经营者实行了促销措施，做了广告宣传，在消费者中间产生积极影响的结果。预先了解到这种情况，就可以预见到市场行情的变化。

（3）政策变化。政府根据某种情况，对某种商品提出了调控政策，必然引起市场变化，比如政府将粮食、棉花收购价格提高了，必然产生连锁反应，用棉花生产的棉布、针织品也会随着上涨，以粮食为原料的食品、饲料也将随着涨价。掌握了这些方面的变化因素，就能为进一步预测行情做好准备。

善于观测市场的远景，打开思路，就等于掌握了财势走向，就可以对未来的变化作出判断，为今后的行动进行准备。

投机就是钻空子。投机者在法律不健全和社会不稳定的时候或许可以获得利润，但投机只能获利眼前，却无法保持长远。投机的人不断地选择开头，什么赚钱做什么，别人做什么赚了钱，我就做什么。投机的人总是期望收入远远大于付出。

但是，投资与投机不同。投资并不是一件容易的事情。在制订

投资计划之前，理财者不仅要明确投资的指导方针，而且应对投资所涉及的一些具体情况作深入的调查了解，这样才能使计划具有可实施性。具体而言，在制订计划中，应该特别对下列的一些情况进行全面分析了解。

(1) 投资的宏观环境。宏观环境是商业投资者本身无法控制的外部因素，包括经济环境、政治与法律环境、科技环境、文化环境，等等。

(2) 调查货源情况。货源情况对于商业投资者来说，是必须了解和考虑的重要因素。只有具备充足的资源，商业投资项目竣工并投入使用后，才能正常地运转，获取合理收益。

(3) 调查需求状况。消费者的需求状况如何，直接决定着商业经营的好坏。没有需求的商业，不过是“无源之水”，是无法做到买卖兴旺的。根据国外一些公司的经验，可以进行下列方面的调查：需求总量调查、需求结构调查、需求季节调查、需求动机调查。

(4) 调查竞争状况。一般来说，需要了解的情况包括：竞争对手的数量、竞争对手的经营状况、竞争对手的劳动效率、竞争对手的优势和弱点、竞争策略以及潜在竞争对手，等等。

从理论上说，成为富翁只需具备三个条件：固定的储蓄、追求高回报以及长期等待。正如美国伯克希尔·撒哈韦公司总裁沃伦·巴菲特所说：“少于5年的投资是傻子的投资，因为企业的价值通常不会在这么短的时间里得到充分体现，你能赚到的一点钱也通常被银行和税务部门所瓜分。”

有人曾说过这样一句话：“机会是上帝的别名。”在特定的时间里，各方面因素配合恰当，就会产生有利的条件，谁最先利用这些有利条件，运用手上的人力、物力做好投资，谁就能更快、更容易获得更大的成功，赚取更多的财富。

高财商的人，不仅懂得如何创造财富，更懂得在机遇面前有所作为，完成运气、机会、财气的转化，把“运气”变成“财气”。

运气带有偶然、意外的性质。有个人去买彩票，结果中了1000美元，这是运气。想获得机会，则必须先有所牺牲。牺牲自己的时间、收入和享受等，随时全神贯注地做好准备，一有运气出现，便跳起来将它俘获。于是，便有了机会。

犹太商人非常留意生意场上的每一个细节，善于下赌注，把运气变成财气。比如，列瓦伊·施特劳斯服装公司，就是犹太商人靠运气促成了服装革命——牛仔裤的风行。

1946年，列瓦伊·施特劳斯公司决定清点及盘活其他一切库存物品，不管合算不合算，把公司的全部资金用于生产牛仔布料，这种由10股3号棉纱织成的布料，已获得专利，专门为列瓦伊·施特劳斯服装公司生产。

公司的经营者既不是一个理想主义者，有意识地想改变公众的趣味或穿着习惯，也未曾预见到这个决定会引发一场服装革命。他只是作出了一项经营决策，更准确地说，他只是想“博”一下，输赢在此一举，看新布料能否取胜。运气临门，他赢了，而且是极大的成功。

用新布料生产的牛仔裤特别有助于显示出人的体形，充满青春气息，面世后大受欢迎。进入20世纪60年代，这种布料更大行其道。

施特劳斯公司一炮打响，虽然多少靠的是运气，但如果没有高度的冒险精神，也不可能孤注一掷地把全部资金都押在新型布料上。

有不少成功的商人，在别人问到他有什么成功的秘诀时，会说这么一句话：我运气好。生意场上果真有运气吗？如果有的话，这运气是从哪里来的呢？是命中注定的，还是偶然碰上的？坦率地说，在致富的过程中要分清机会和运气，我们不排除运气，但是更重要的还是要用自己的财商，挖掘蕴藏在生活中的机会，也只有这样，

才能获取财富。

在很多人的眼里，赚钱的方法很多，模式很多，每种方法和模式都很复杂，唯恐一招失算，全盘皆输。

优秀的理财者认为，复杂的事简单做，简单的事认真做，认真做的事情反复做，反复做的事情创新做，才有持续的成功。虽说条条大路通罗马，但万法归一，简单的才是最好的。复杂的方法只能赚小钱，简单的方法才能赚大钱，而且方法越简单越赚大钱。

有些人喜欢把几张纸的事情变成一张纸来说，把一张纸的事情最好变成几行字来说。有些人总是一句话要变成几句话来讲，几句话要变成几个小时来讲，几个小时要变成一个上午来讲，这是一个完全不同的思维模式。

通过做简单的事情赚大钱的人比比皆是：比尔·盖茨只做软件，就做到了世界首富；股神沃伦·巴菲特专做股票，很快做到了亿万富翁；乔治·索罗斯一心搞对冲基金，结果成了金融大鳄。

每个行业都有赚大钱的简单方法：在商品零售业，沃尔玛始终坚持“天天平价”的理念，想方设法以最低价取胜，结果做成了世界最大零售企业；在股市，沃伦·巴菲特一直坚持“如果一只股票我不想持有10年，那我根本就不碰它一下”的原则炒股，凭借“低点买、高点卖”这简简单单的六个字成了一代股神。

很多富翁能够发达起来，几乎全是从最简单的事情做起，从基础做起，用最简单的方法实现自己的目标。他们从一个个的小作坊、小市场开始，以最简单的推销、经营方法去赚钱，取得了意想不到的惊人效果，反复说明了这样一个真理：不要认为鞋、包、纽扣等是简单商品，只要做得好，仍然可以风靡全世界。

正如亨利·福特（美国福特汽车公司创始人）所说：“如果有了一个好主意，最好是集中精力把它完美地做出来，而不是把时间花在四处闲逛、寻找出更好的主意上。一次只坚持一个主意，这是一个人能做好事情的最重要的基础。”

总结自己的简单赚钱方法，然后坚持它，不要被别人的复杂与堂皇所蛊惑而轻易改变。那么，你就能成就一番大事业，因为在商业模式上“简单就是美”。

财商低的人总是这样想：“省吃俭用我就能省钱，省下的钱存入银行，慢慢的我就能发财致富。”而那些财商高的人这样说：“有钱不置半年闲，多做生意少占本，一年多打几个滚。”正所谓，会干的不如会算的。

财富是什么？很多人以为放在自己的口袋里，或存在银行的钞票就叫财富。优秀的理财者绝不这样认为，在他们看来，世界上最不懂财富的人就是只知“省钱”，不知“生钱”的人。这种人是金钱的牺牲品，根本不懂得真正的爱钱之道。

什么是真正的爱钱之道呢？那就是宁可让钱生钱，也不要人省钱。美国“新思维”思想的先驱沃勒斯·华莱士说：“赚到钱后，不要让它躺在银行里睡觉，因为钱不喜欢积存，它喜欢被有效地使用。动用每一分钱，让它像农田里的作物一样，生出利息，使财富源源不绝地流入你的口袋。”

犹太商人有白手起家的传统，现在世界上许多犹太大亨发迹也不过两三代人，但犹太商人没有靠攒小钱积累的传统。犹太人不仅爱钱，对于如何得到钱也有独到的见解。立足于赚钱而不是攒钱，是犹太商人独有的经营哲学。

犹太人认为，想借助银行来求得利息，能够获得利润的机会不大。因为，将大量的钱存在银行的确可以获得一大笔利息，但是物价在存款生息期间不断上涨，货币价值随之下降，尤其是存款人本人死亡时，继承人尚需向国家缴纳遗产继承税。这是事实，几乎世界各国都如此。所以，无论多么巨大的财产，存放在银行，相传三代，也不会增值多少。

这个道理，许多善于理财的人都非常清楚，但并不是每个人都能真正理解。往往自己有点盈余，就会生出胆怯想法，不敢再像以前创业时那般敢想敢做，总怕手中仅有的钱因投资失败而化为乌有，于是赶快存到银行，以备应急之用，似乎这样做更安全一些。

虽然确保资金的安全是人们的常规想法，但是在当今飞速发展、竞争激烈的经济形势下，钱应该用来扩大投资，使“死”钱变成“活”钱，来获得更大的利益。这些钱完全可以用来购置房产、铺面，以增加自己的固定资产，到10年以后回头再看，就会感觉到比存银行要增值很多，就会看到“活”钱的威力。

钱是靠钱赚回来的，不是靠克扣自己攒下来的！犹太商人的投资大多集中于金融业等回收较快的项目上，他们崇尚的是“钱生钱”而不是“人省钱”。靠辛辛苦苦攒小钱的人，是不可能有犹太商人身上常见的那种冒险精神的。

一般人总是想：“骗子真是太精明了，一不小心就上了他们的当。”而实际情况是怎样的呢？

当把谎话多次重复时，人们就易于把谎话当成了真理。在面对形形色色的骗子时，人们要始终保持一颗冷静的心，人若无贪婪之欲，也就不会被各种谎话所欺骗。

许多时候，人之所以上当，不是因为骗子精明过人，而是因为自己有所贪，有所图，于是侥幸心理就产生了。前些年，曾经兴起过一段集资热，开始的时候欢天喜地，到最后不知套牢了多少人。事后，有的人站出来说：“你怎么那么傻？也不算算什么生意能轻而易举赚到30%的纯利润，还要返本给你！”其实，集资的人开始时哪里是要吃100%的钱，他没有那么“贪”，他只要70%就行了，剩下30%大大方方地作为第一年的利息发放。参加集资的人很感动，千恩万谢，以为自己挣了大钱，至少往后365天是放心的。这么长的日子，完全够他从从容容地卷铺盖走人了。

只要不抱着贪图便宜、不劳而获、梦想着高息的心理，非法集资、诈骗等非法活动就无法伤害到你。所以，一定要增强分辨能力，切莫因贪图高利而吃大亏。

不可否认，赚钱是一件非常辛苦的过程，任何一个人的第一桶金都是用汗水换来的。关键是，有了第一桶金，第二桶、第三桶就容易一些了，原因并不是因为有了资本，而是因为找到了赚钱的方法，有了赚钱的素质。这时候，哪怕失去了这一桶金，也可以重新找回来。所以，用汗水、智慧去赚钱，而不是贪图暴利，才是一个高财商的理财者应有的素养。

平庸的人总是追求一夜暴富，挣大钱，做大事业。而优秀的理财者说：长城不是一天建成的，一块砖一块砖地积累，才能有大的成就。在此，奉告所有在财海搏击的人，睁大自己的眼睛，不贪不恋，否则，一旦上当受骗就有可能丧失万贯家财，欲哭无泪。

第四节　成为"有钱人"的经典投资理念

让我们先来听听巴菲特的故事。巴菲特是当今世界具有传奇色彩的证券投资家，他以独特、简明的投资哲学和策略，投资可口可乐、吉列、所罗门兄弟投资银行、通用电气等著名公司股票、可转换证券并大获成功。以下我们介绍巴菲特的投资理念——5＋12＋8＋2。

巴菲特的投资理念可概括为5项投资逻辑、12项投资要点、8项选股标准和2项投资方式。

5项投资逻辑

（1）因为我把自己当成企业的经营者，所以我成为优秀的投资人；因为我把自己当成投资人，所以我成为优秀的企业经营者。

（2）好的企业比好的价格更重要。

（3）一生追求消费垄断企业。

（4）最终决定公司股价的是公司的实质价值。

（5）没有任何时间适合将最优秀的企业脱手。

12项投资要点

（1）利用市场的愚蠢，进行有规律的投资。

（2）买价决定报酬率的高低，即使是长线投资也是如此。

（3）利润的复合增长与交易费用和税负的避免使投资人受益无穷。

（4）不在意一家公司来年可赚多少，仅有意未来5~10年能赚多少。

（5）只投资未来收益确定性高的企业。

（6）通货膨胀是投资者的最大敌人。

（7）价值型与成长型的投资理念是相通的，价值是一项投资未来现金流量的折现值，而成长只是用来决定价值的预测过程。

（8）投资人财务上的成功与他对投资企业的了解程度成正比。

（9）“安全边际”从两个方面协助你的投资：首先是缓冲可能的价格风险，其次是可获得相对高的权益报酬率。

（10）拥有一只股票，期待它下个星期就上涨，是十分愚蠢的。

（11）就算联储主席偷偷告诉我未来两年的货币政策，我也不会改变我的任何一个作为。

（12）不理会股市的涨跌，不担心经济情势的变化，不相信任何预测，不接受任何内幕消息，只注意两点：①买什么股票，②买入价格。

8项投资标准

（1）必须是消费垄断企业。

（2）产品简单、易了解、前景看好。

（3）有稳定的经营史。

（4）经营者理性、忠诚，始终以股东利益为先。

（5）财务稳健。

（6）经营效率高、收益好。

（7）资本支出少、自由现金流量充裕。

（8）价格合理。

2 项投资方式

卡片打洞、终身持有，每年检查一次以下数字：初始的权益报酬率，营运毛利，负债水准，资本支出，现金流量。

当市场过于高估持有股票的价格时，也可考虑进行短期套利。

从某种意义上说，卡片打洞与终身持股，构成了巴菲特投资理念最为独特的部分，也是最使人入迷的部分。

《美国新闻与世界报道》周刊在其某期文章中介绍了巴菲特式投资的六要素，称巴菲特的神秘之处恰在于他简单有效的投资方式。

巴菲特的投资方式究竟有什么要素？文章列举了6点供投资者参考。

一、赚钱而不要赔钱

这是巴菲特经常被引用的一句话：“投资的第一条准则是不要赔钱；第二条准则是永远不要忘记第一条。”因为如果投资1美元，赔了50美分，手上只剩一半的钱，除非有100%的收益，才能回到起点。

巴菲特最大的成就莫过于在1965—2006年间，历经3个熊市，而他的伯克希尔·哈撒韦公司只有一年（2001年）出现亏损。

二、别被收益蒙骗

巴菲特更喜欢用股本收益率来衡量企业的盈利状况。股本收益率是用公司净收入除以股东的股本，它衡量的是公司利润占股东资本的百分比，能够更有效地反映公司的盈利增长状况。

根据他的价值投资原则，公司的股本收益率应该不低于15%。在巴菲特持有的上市公司股票中，可口可乐的股本收益率超过30%，美国通用公司达到37%。

三、要看未来

人们把巴菲特称为“奥马哈的先知”，因为他总是有意识地去辨别公司是否有好的发展前途，能不能在今后25年里继续保持成功。巴菲特常说，要透过窗户向前看，不能看后视镜。

预测公司未来发展的一个办法，是计算公司未来的预期现金收入在今天值多少钱。这是巴菲特评估公司内在价值的办法。然后他会寻找那些严重偏离这一价值、低价出售的公司。

四、坚持投资能对竞争者构成巨大“屏障”的公司

预测未来必定会有风险，因此巴菲特偏爱那些能对竞争者构成巨大“经济屏障”的公司。这不一定意味着他所投资的公司一定独占某种产品或某个市场。例如，可口可乐公司从来就不缺竞争对手。但巴菲特总是寻找那些具有长期竞争优势、使他对公司价值的预测更安全的公司。

20世纪90年代末，巴菲特不愿投资科技股的一个原因，就是他看不出哪个公司具有足够的长期竞争优势。

五、要赌就赌大的

绝大多数价值投资者天性保守，但巴菲特不是。他投资股市的620亿美元集中在45只股票上。他的投资战略甚至比这个数字更激进。在他的投资组合中，前10只股票占了投资总量的90%。晨星公司的高级股票分析师贾斯廷·富勒说：“这符合巴菲特的投资理念。不要犹豫不定，为什么不把钱投资到你最看好的投资对象上呢？”

六、要有耐心等待

如果你在股市里换手，那么可能错失良机。巴菲特的原则是：不要频频换手，直到有好的投资对象才出手。

巴菲特的模式到底是如何成功的呢？奥洛克林富有说服力地解开了这个谜团。

一方面，“最重要的是，巴菲特懂得，当人们应该遵守的行为规

范靠内心养成而非自上而下制定时，那么人员管理便升华为个人动机。”巴菲特发现，只有大胆放手，才能实现管理上的控制，使他的经理人像所有者一样行事，从而实现了老子式的管理——无为而治。

另一方面，巴菲特认为自己是资本市场中的一部分，他的工作就是分配资源，使其能最有效地运用。他希望最大限度地发挥客观性，将主观性减少到最低限度。通过把管理资本的领域落实到重要的和可知的方面，形成自己的“能力范围”，从而具备了客观性，大大提高了确定性和决策成功率，形成了一套有效的资本分配模式。

强制性力量

巴菲特第一次遭遇强制性力量是1961年收购登普斯特·米尔斯制造公司，他发现弥合所有权和管理权的差距、使自己的利益和管理人的利益相结合并非易事，两年后他选择离开——抛售他的股份。巴菲特此时犯了一生中最大的错误——收购了另一家“雪茄烟蒂”企业伯克希尔，因为对纺织业作出了承诺这种先入为主的结论使他落入陷阱，为纺织业的经营活动所累长达20年之久。

后来，在查理·芒格思维模式的影响下，“通过对自己错误的分析，并将这些错误与管理伯克希尔·哈撒韦公司时所遇到的挑战联系在一起”，巴菲特的认识产生了飞跃：无法回避的强制性力量在机构中是普遍存在的；当它发挥作用时，理性往往退避三舍；战略性规划是强制性力量的根源，因此管理者被剥夺或丧失了他们作为资金调拨者的洞察力。巴菲特用以下的例子来说明强制性力量的作用：

（1）正如同牛顿第一定律所描述的那样，一种制度总是会抵制其在目前方向中出现的任何变化；

（2）正如工作可充填可利用的时间一样，公司的规划和所得将会具体表现为吸纳额外资金；

（3）任何渴望在商业上成功的领导者，无论多么愚蠢，都会很快获得由他的属下所做出的详细的回报率和经营策略研究的支持；

（4）竞争对手的行为，都会被人愚蠢地模仿。

彻底搞清楚强制性力量后，巴菲特努力把伯克希尔改造成一家强制性力量无立足之地的公司，通过拒绝将战略性规划作为一种领导手段，确保用资本利润率目标来支配自己的行动和激励、约束那些担任重要职务的雇员，即采取“资金调拨”的方式来抵制和化解强制性力量；同时建立“像所有者那样行事”的企业文化来实现领导，给经理人充分的自由，使他们形成内在的动力，并且带给巴菲特最大的服从和回报。

能力范围

巴菲特投资成功与失败的比率是99:1。如此高的成功率背后，“能力范围”概念起到至关重要的作用。巴菲特所谓的“能力范围”，是指“重要的和可知的事情”，巴菲特形象地把它比喻为棒球的“击球区”。

巴菲特的能力范围使他产生一种控制感，这是人类面临不确定情况时都渴望得到的。控制感可以产生安全感，而且巴菲特的股东也是他的伙伴，加上安全边际的保护、伯克希尔公司基本上没有什么债务，所有可以想见的后果都是良性的，这就提供了安全感的第二重保证，促进了巴菲特在“击球区”保持情绪平衡，能够客观地评价提供给他的机会，消除不确定性，极大地提高了“击球”的命中率，使得他在资本管理方面高于平均水平并且长盛不衰。

奥洛克林认为，巴菲特在能力范围的基础上开发了一种“三步走”的精神模式：第一步，确定他知道什么，其办法是鉴别真理、真理之后的动因和它们之间的相互联系；第二步，保证他知道什么，

其办法是来一次逆向思维，以证明他以前的结论有误；第三步，检查他所知道的，从他所作出决定的后果当中挑出反馈。

第二步通常是大家所忽视的，而这一步对保证认识的客观性和正确性十分重要。牛根生曾说过他的养母在对他的教育中有一条对他影响甚大："要知道，打颠倒；打颠倒，什么都知道。""打颠倒"不就是逆向思维和换位思考的过程吗？

奥洛克林一位好友曾经感叹地说："天哪，巴菲特什么都知道！"巴菲特拥有这样的成功模式，并非因为是天才，而是因为他经历了所谓的"认识爆炸"，经过了不懈的学习、不倦的思索和勇敢坚定的实践。

微软公司董事会主席比尔·盖茨与投资大亨巴菲特二位长期稳坐财富排行榜的前两位。他们曾联袂到华盛顿大学商学院作演讲，当有学生请他们谈谈致富之道时，巴菲特说："是习惯的力量。"

把鸡蛋放在一个或几个篮子里

现在人们的理财意识越来越强，许多人认为"不要把所有鸡蛋放在同一个篮子里"，这样即使某种金融资产发生较大风险，也不会全军覆没。但巴菲特却认为，投资者应该像马克·吐温建议的那样，"把所有鸡蛋都放在同一个篮子里，然后小心地看好它"不无道理。

从表面看巴菲特似乎和人们发生了分歧，其实双方都没有错。因为理财诀窍没有放之四海皆准的真理。比如巴菲特是国际公认的"股神"，自然有信心重仓持有少量股票。而普通投资者由于自身精力和知识的局限，很难对投资对象有专业深入的研究，此时分散投资不失为明智之举。另外，巴菲特集中投资的策略基于集中调研、集中决策。在时间和资源有限的情况下，决策次数多的成功率自然比投资决策少的要低，就好像独生子女总比多子女家庭所受的照顾多一些，长得也壮一些一样。

生意不熟不做

中国有句古话叫做："生意不熟不做"。巴菲特有一个习惯，不熟的股票不做，所以他永远只买一些传统行业的股票，而不去碰那些高科技股。2000年年初，网络股高潮的时候，巴菲特却没有购买。那时人们一致认为他已经落后了，但是现在回头一看，网络泡沫埋葬的是一批疯狂的投机家，巴菲特再一次展现了其稳健的投资大师风采，成为最大的赢家。

这个例子告诉我们，在做任何一项投资前都要仔细调研，自己没有了解透、想明白前不要仓促决策。比如现在人们都认为存款利率太低，应该想办法投资。股市不景气，许多人就想炒邮票、炒外汇、炒期货、进行房产投资甚至投资"小黄鱼"。其实这些渠道的风险都不见得比股市低，操作难度还比股市大。所以自己在没有把握前，把钱放在银行中反而比盲目投资安全些。

长期投资

有人曾做过统计，巴菲特对每一只股票的投资没有少过8年的。巴菲特曾说："短期股市的预测是毒药，应该把它摆在最安全的地方，远离儿童以及那些在股市中的行为像小孩般幼稚的投资人。"

我们所看到的是许多人追涨杀跌，到头来只是为券商贡献了手续费，自己却是竹篮打水一场空。我们不妨算一个账，按巴菲特的底线，某只股票持股8年，买进卖出手续费是1.5%。如果在这8年中，每个月换股一次，支出1.5%的费用，一年12个月则支出费用18%，8年不算复利，静态支出也达到144%！不算不知道，一算吓

一跳，损失往往在细节之中。

香港《信报》月刊发表过的一篇文章写到，巴菲特创造了前无古人的投资成绩，他的投资成绩每年平均复息增长24%，保持达30多年之久。假如你在1956年将1万美元交给他，今天这笔钱已超过1亿4千万美元，当中已扣除了所有税收和一切有关的交易费用。

20多年来，由巴菲特主持的投资，有28年成绩跑赢标准普尔500（S&P 500）指数。你不要以为标普表现不济，事实上该指数过去的回报，保持在10%左右复息增长，这个投资成绩比很多基金的表现还要优秀；对大部分投资者来说已是非常满意的数字了。但是巴菲特的表现，跑离标普500的一倍半在增长，真令人惊讶！真令人佩服！

现在巴菲特的投资王国以股票形式在纽约交易所挂牌，名为巴郡·哈撒韦，是全世界以每股计最贵的股票，时值每股7万5千美元左右。不少人以拥有巴菲特的股票为身份的象征，以每年春天能前往奥马哈开股东大会为乐，以每年巴菲特有一份撰写的年报为投资界的"圣经"。所以，巴菲特是世上最成功的投资者，股神之称，实至名归。

比起很多著名甚至取得诺贝尔奖的投资理论，如随机漫步理论、有效市场假说和资本资产定价等学说，股神巴菲特的投资理论要简单得多，而且多了些实用性，其精髓在于挑选优良及有价值的股票买入，然后长期持有。对于我们这些普通人，巴菲特的理论又如何让我们更好地成为理财能手呢？

理论一，先"有钱"。赚钱之道，上等是钱生钱，中等靠知识赚钱，下等靠体力赚钱。假设一个拥有1 000万元存款的富翁，只要把钱以年息4%放在银行定期储蓄，一年光是利息收入就有40万元，月薪3万元的上班族，就算不吃不喝辛勤工作一整年，也存不足这个金额。如果想成为"有钱人"，又没有那么"有钱"，则必须做的事情就是增加钱积累的速度，找到一项不错的投资，能两倍于市场均值。

理念二，收入与支出。高收入不一定成富翁，真富翁却会低支出。任何人违背这条铁律，就算收入再高，财富再傲人，也迟早会脱离富人的群体，一旦顺应了这条铁律，散尽家财的富人也可东山再起。很多人之所以羡慕富翁，是因为在想象中富翁可以享受更精致的生活甚至挥金如土，但如果真正进入富翁的世界，却发现成功的富翁很少挥金如土。相反的，他们往往有"视土如金"的倾向。富翁们很少换房屋、很少买新车、很少乱花钱、很少乱买股票，而他们致富的最重要原因就是"长时间内的收入大于支出"，这也是分隔富人和穷人最重要的界限。

理念三，负债有益。投资一部分现金，利用投资的回报率抵消负债的利息。这样做，负债不但没压力，还会因为进行了合理投资而变得"引人入胜"。在作投资决策时要意识到，当投资收益率高于贷款利息率时，负债是利用别人的钱赚钱。

理念四，不要让你和你的钱之间隔着别人。基金顾问或者保险业务员，他们也在你身上榨取了不少的"过路费"，他们可能是你最信赖的理财顾问们。收费标准各有不同，唯一相同的是，他们都站在你和你的钱之间 如果你有足够的智慧去应付这些问题，完全可以想些法子绕过他们——比如，网上申购。否则，还是和阻隔你和你的钱之间的人成为朋友吧。

理念五，长期投资的低风险性是个谎言。长期性的投资能够降低风险，要衡量一项投资的风险，方法之一便是衡量它的"变动性"，即其价格相对于长期均价的波动有多大。而通过长期持有，你的收益多半不会波动太大，而会更趋近于它的长期均值。

长期投资意味着不赔钱？当然不！问题的关键在于，并非所有的投资都适合长期，比如我们熟悉的货币市场基金，这些基本没有什么波动的品种显然更适合作为短期项目持有。如果你指望胡乱投

资一只股票并等着它在若干年后开始变魔术，这样的“长期投资”的思路只会让你被风险拖到“湖心”。

理念六，多数投资者都无法跑赢大盘。大势向上时，投资者未必会买入最“牛”的那只股，或者是未必会在最牛的价位卖出，而此时大势上涨已经抬高了整个市场的盈利基础。在股市上，能一直赚到钱的，永远是少之又少的那一部分人。99%的客户都会把黑马股票提前抛出；此外，还有90%以上的投资者不会在当期盈利后撤出股市，客户的资金会一直停留在市场，只是从一类股票转到另一类股票而已。

这样的操作习惯可能导致以下两种结果：

(1) 当你抛出手中的“黑马”去追白马，白马已经涨到了合理的价格区间，失去了大幅获利的机会。这时，热点转移，你前期抛出的“黑马”开始启动，股价迅速攀升。如果此时重新买入，在这个操作过程中，损失的是时间、交易手续费和应有的利益空间。

(2) 在一只股票上赚了钱，不代表能在所有的操作中取得收益。投资作为一个整体，它们的投资回报率落后于大盘的部分就是它们的投资成本。

切记，跑赢大盘，即在上涨周期投资组合收益明显强于大盘，而在下跌期内投资组合亏损明显小于大盘。

理念七，不要把鸡蛋放在一个篮子里。“把你的财产看成一筐子鸡蛋，把它们放在不同的地方：万一你不小心碎掉其中一篮，你至少不会全部都损失。”这是经典的鸡蛋篮子论述。实际上，除了在面临系统性风险时难以规避资产缩水，分散投资的另一个不足在于，这种投资策略在一定程度上，降低了资产组合的利润提升能力。如果你只是希望冒最小的风险获得最大的收益，那么，多放几个篮子吧——这种方法适合稳健的你！但如果你对这一个大机会绝对自信，并致力于大捞一笔，那碎鸡蛋也不会让你难受。

理念八，赚大钱的唯一途径就是少冒险。风险是什么？有风险是因为你不知道你在做什么。赚大钱的唯一途径就是少冒险？赚大钱，冒大险？

常识告诉我们：一份风险一份回报。利润和损失是相关的，就像一枚硬币的两面：要想得到赚1 000元的机会，你就必须承受失去1 000元的风险。我们可以认识风险，在通往投资的流程上控制风险，知道自己在做什么。相信风险水平是完全可管理的，即便亏损，损失也不会超过自己的承受能力。

理念九，家人也许是你最大的财务负担。以20年为期，麦当劳这个项目可以在5年就收回成本，而抚养孩子更像是公益之举。毫无疑问，你很清楚养育孩子、供他们念书要花多少钱。怎么才能不让这个甜蜜的负担扰乱你的财务呢？有三种方法可以考虑：

（1）早生育。可以效仿一些都市白领的做法——23岁大学毕业，25岁结婚、完成生育的人生大事，然后就可以一心发展事业，在职场的大道上无阻碍地前行了。

（2）不生育。既然养小孩这么不划算——成本高且有不确定性、超长期投入、收益率低至没有——而恰巧你又不那么有信心自己的教育能力和耐心，那不如考虑选择不生育。当然了，很多人都有不同的选择。毕竟有好多人“明知山有虎，偏向虎山行”，更何况小孩这一甜蜜的“负担”呢？

（3）生个“布鲁克林”。时间流过，你没赶上“早生”的时间段，又不想将来膝下无子承欢，怎么办？如果你觉得自己有足够的影响力，那么你就生个“布鲁克林”吧——还记得这个小帅哥吗？贝克汉姆和辣妹的长子布鲁克林一生下来，从卖照片到做代言人，根本不用父母养。这样的小孩，不仅无须父母投资，而且获益多得无法计算。

理念十，信用操纵你的现金流。在美国，通过买房子就能证明：

一个好的信用，至少值2万美元。信用其实是一笔看得见、算得出的“现金”。西方“信用”主要体现为商业领域和个人流通领域的赊销行为。在东方思想中，信用更多地表示道德。松下幸之助说：“信用既是无形的力量，也是无形的财富”。一种事物，一旦成为“无形”，就容易幻化为每个人心中不同的标准，不论它是财富还是毒药。

理念十一，只按自己的方式做投资。按自己的方式投资的好处就是，你不必承担别人的不确定性风险。一般而言，投资者都经历过三种过程：第一种境界叫做道听途说。每个人都希望听别人建议或内幕消息，道听途说的决策赔了又不舍得卖，就会去研究，很自然的倾向就是去看图，于是进入了第二阶段，叫做看图识字。看图识字的时候经常会恍然大悟，于是第三个境界就是相信自己。在投资决策的过程中，相信别人永远是半信半疑，相信自己却可能坚信不疑。所以说，道听途说—看图识字—相信自己是每个投资者所经历的。不要把钱放到不熟悉的领域——什么是不熟悉的领域？每个人都必须找到自己了解的领域，找到自己成功的方式。这种方式不是政府所引导的，也不是任何咨询机构所能提供的，必须自己去寻找。当然，在投资之前，有两个问题是一定要理清的：第一是能赔多少？这样即使犯了错误也不会出局，就还有新的机会；第二是机会在哪里？我和别人相比是处于优势还是劣势？这就会让你随时注意信息来源的可靠性和信息解读的客观性，从而承担你能够承担的风险。

理念十二，如果你是个有责任心的人，请买保险。关于购买多少保险这一点，没有标准的答案，但如果追根溯源，你承担的责任多大，保额就该多大。购买寿险的主要原因是保护你和依赖你的人。万一发生意外，保险公司可能会站出来扮演承担风险的角色，至少能让陷入经济困境的家人获得安慰和帮助。

理念十三，看收入，别看“领子”的颜色。你是否过得幸福取决于你的收入水平，不取决于那个“领子”的颜色。很多人都有这样一种职业虚荣心，觉得“劳心者治人，劳力者治于人”，既然十年寒窗苦读，受过高等教育，就应该高人一等，就至少应该出入高档写字楼，整天坐在办公室里，就算给高一倍的收入也不愿下到一线工作。而当50%的大学毕业生找不到理想的工作时，当蓝领工人的薪金收入和社会地位不断提高时，这种职业取向被一次又一次地重击，人们不禁反问自己：蓝领、白领有什么关系吗？抛弃“领子”情结、抛弃那些等级观念。脚踏实地地工作，以获得更多收入。

理念十四，通胀、税收和成本是投资者的三大敌人。多数交易可能都会涉及佣金或是税金，甚至有可能两者都涉及。在你下一次进行交易前，一定要仔细、认真地考虑。在把钱投入到一个充满变数的市场之前，有没有考虑一个问题，风险在哪里？赚钱的障碍是什么？实际上，如果将通胀、税收和各种成本因素都考虑进来，你会发现自己有些投资组合根本就不赚钱。当你卖出一种投资，而买进另一种投资时，你的回报率不一定就会因此提高。但是，改变却一定会带来成本。有钱人的道理是这样的：一分钱也是有用的，因为积少成多。过不了多久，一分钱会变成一块钱的。

理念十五，理财尽早开始。在年轻人的眼里，养老似乎是遥远的事。但年轻时必须清醒地认识到，未来的养老金收入将远不能满足我们的生活所需。退休后如果要维持目前的生活水平，在基本的社会保障之外，还需要自己筹备一大笔资金，而这需要我们从年轻时就要尽早开始进行个人的财务规划。筹备养老金就好比攀登山峰，同样一笔养老费用，如果25岁就开始准备，好比轻装上阵，不觉得有负担，一路轻松愉快地直上顶峰；要是40岁才开始，可能就蛮吃力的，犹如背负学生背包，气喘吁吁才能登上顶峰；若是到50岁才想到准备的话，就好像扛着沉重负担去攀登悬崖一样，非常辛苦，甚至力不从心。同样是存养老金，差距怎么这么大呢？奥妙在于越早准备越轻松。

第五节　家庭理财八大新概念

盲目贷款不如量力而行

前些年，因“花明天的钱圆今天的梦”而贷款消费曾一度流行，然而受还款压力影响，许多贷款家庭常常捉襟见肘，有的因债务所累还引发家庭矛盾，所以如今提前还贷款的人有增无减。这表明现代人对贷款消费越来越理智，特别是还款能力弱、心理承受能力差的人更是量力而行，尽量不贷款或选择所能承受的小额贷款。

手中“捂股”不如经常“晒股”

买了股票就束之高阁，股民们称之为“捂股”，这种方式曾经让许多人发了大财。但现在，股票市场瞬息万变，上市公司业绩良莠不齐，买了股票就睡大觉的话，难免会碰上银广夏、世纪中天这样一不留神就连续跌停的“地雷”。所以，如今股民们买股票后，会关注其业绩和经营状况，遇到业绩下滑、交易异常等情况会及时做出止损、换股等处理。

钱装进口袋不如装进脑袋

小张和小刘既是同事又是当年的大学同窗。小张脑瓜精明，工作期间做了兼职，并且理财有术，积蓄颇丰。而小刘似乎有点“败家”，对好友的提醒充耳不闻，工资分文不攒，全花在了买书和参加各种培训上，并且还举债读MBA。后来，他拿到MBA证书跳槽去了一家外企担任高管，工资立马翻跟头，比原来高出十多倍。而小张则一直后悔“把钱放错了地方”。看来，知识就是财富，此言不谬——年轻时把钱装进口袋不如装进脑袋。

勤俭持家不如能挣会花

过去我们常说“吃不穷，穿不穷，算计不到要受穷”，但是如今社会不断进步，生活水平日益提高，勤俭持家、使劲攒钱的老观念已经落伍了。“能挣会花”日渐成为大城市最流行的理财新观念。很多人，尤其是年轻人发挥个人特长经商或谋取兼职，广开财源；挣钱后科学打理，积极用于消费，从而尽情享受挣钱和消费带来的人生乐趣。

给子女攒钱不如在早期教育上花钱

如果子女的学习成绩一般，想上好一点的中学要交择校费；高考成绩不理想，“高价生”和上“民办大学”的开支更大。因此，许多精明的家长从中悟出了窍门，改变了只考虑为子女教育攒钱的老办法，注重了请家教、参加培训班、学特长等早期教育投入。孩子成绩好了，往近了说会节省择校开支，往远了说会更有利于子女将来的就业，甚至会影响孩子一生的命运。

一人说了算不如夫妻AA制

按常理说，夫妻双方由于理财观念和掌握的理财知识不同，会精打细算、擅长理财的一方应作为家庭的“内当家”。但对现代人来说，夫妻收入有高有低，双方属于个人自主性的开支越来越大，因此AA制理财方式日渐被一些追求时尚的家庭所接受，这种理财方式能最大限度地发挥个人特长，分散家庭投资风险。同时，财务独立自主也有助于减少矛盾，促进家庭和睦。

借给人大钱不如送给人小钱

别人开口借钱会令多数家庭头疼，不借得罪人，借出去又怕“肉包子打狗有去无回”。所以许多精明人士对于还钱把握不大，又怕影响关系的借款人，采取了一个折中的办法：你不是说要借钱买房、看病、孩子上学吗？我实在没有这么多钱，要不嫌弃，这几百块钱算是我的一点心意。

增强健康意识

虽然人们的收入在不断增加，但还赶不上看病住院的花费涨得快。当前人们健康观念逐步转变，健康意识不断增强，为了远离亚健康，远离疾病，全民健身越来越热，家庭用于购买健身器械、合理膳食、接受健康培训等投入呈上升之势。因为人们都明白：这些前期的健康投入增强了体质，减少了生病住院的机会，实际上也是一种科学理财。

第六节 生活和理财相得益彰

对于不同的人群来说，理财也有不同的含义，那么不同的又该如何理财呢？下面我们就来一一述说。

“工薪族”：生活可以很轻松

随着经济的快速发展和人民生活水平的不断提高，投资理财已逐步成为决定和影响人们生活的重要方面，在报纸杂志、广播电视等媒体上，出现了许多指导百姓投资的文章、报导，它们以各自特有的方式方法向人们介绍、推荐各种投资理财的思路、模式。好的办法、新的方式方法层出不穷。人们逐渐意识到，学会理财才能让生活很轻松。

理财专家们为工薪族们提供了以下参考意见。

（1）现金至关重要。在无法预料经济前景的情况下，人们应该更注重现金。对于以往只是以储蓄为主要理财手段的工薪族来说，每月以固定的资金进行储蓄，比如零存整取；采用其他的理财方法，应当以短期投资为主，一般3～6个月为一个周期，以保证资金的流动性。

（2）把投资目光放在固定收益类产品上。债券方面的投资主要有国债、债券类理财产品和债券基金三种，而国债则是首选。投资国债方便快捷，投资风险又低。无论是对于保守型的工薪族还是有一定风险承受能力的工薪族，国债都可以作为资产配置的一个品种

进行购买，这样更有利于降低整体投资的风险水平。国债与同期存款收益相比具有优势，更能提前锁定较高的收益。

（3）通过购买金条抵御可能出现的风险。工薪族拿出一部分钱来买黄金为投资避险保值增值，被不少人看好。尤其是保守型的人，不妨选择适合自己的黄金投资方式，购入一些黄金，作为保值手段。面对无法预测的金融危机，黄金的保值作用就会越发凸显。比如，巴菲特旗下的基金资产配置比例中，黄金占了15%～20%。黄金的保值是看长期的，不是看短期的起起伏伏。在低位购入长期持有，在起到保值作用的同时对将来也是一种投资。在当下人们无法独自规划应对金融危机的理财方法时，专家的意见对于辛苦打拼的工薪族而言，无疑具有一定的参考与借鉴价值。

“穷忙族”：仔细打理进“小康”

一项在线调查显示，在金融危机下，55.7%的职场人将自己定义为“穷忙族”，其中15.6%的职场人认为自己是“超级穷忙族”。所谓的“穷忙族”具有以下特征：一周工作超过54小时，但是看不到前途；一年内未曾加薪；三年内未曾升职；薪水很低，到月底总是很艰难；积蓄少，无力置产业；工资不低，但花钱大手笔；收入不低，但内心没有安全感。这七条中占有两条或两条以上的人群即为“穷忙族”。如今这个词变成了因不满现状而拼命工作以期获得更多价值回报者的代名词。社会学人士为此呼吁：必须理性对待“穷忙”现象，摆脱“越穷越忙，越忙越穷”的恶性循环。

房奴、御宅族、乐活族、隐婚族……当这一个个的族群为众人所熟知时，一个新族群“穷忙族”又在职场人士中悄然兴起。越来越多的网友将自己归入“穷忙族”的行列。

“穷忙族”自认为起早贪黑工作，一天工作超过九小时，但看不到前途，总想干番事业但总忙不完手里的事儿；回报和付出不成正比，钱始终不够用，精神上也没有寄托；白天工作晚上回家还得工作以及薪水低，月底总是要勒紧裤腰带过日子也是职场人“穷忙”的主要“症状”。在某国企做业务员的王先生觉得自己就是典型的“穷忙族”。王先生说尽管自己是很容易满足的人，但对自己已经保持了近5年的薪水标准并不满意。整天忙忙碌碌的，一个月下来，薪水刨去家庭的必要开支，能存到银行的已经所剩无几了。王先生说，他的妻子也是“穷忙族”的一员，尤其是金融危机以来，他发现自己和妻子都越来越“抠门”了，从来不愿意在不必要的事情上花钱，王先生认为这或许就是成为“穷忙族”的最显著标志。他担心，照这样下去，自己和妻子迟早会被越来越大的生存压力所击垮。

职场人认为造成“穷忙族”的主要原因有三个。首先就是社会生存及竞争的压力，其次是对自己、对家庭以及对所在单位的责任和个人缺乏合理的职业规划。而大部分职场人都会认为自己的付出与收入不成正比。

虽然，目前社会各界还没有对“穷忙族”提出明显的界定标准，但是在社会经济的不断发展中，“穷忙族”的出现有其必然性。兰州理工大学社会学副教授段兴利指出：“穷忙”是一种必须打破的恶性循环。段副教授认为：尽管网友们提出的“穷忙”观念有很强的主观色彩，却反映了当前一种真实的社会心态。“越忙越穷，越穷越忙，无疑是一种恶性循环。”

面对这样的问题，“穷忙族”首先应当选择调整自己的心态，需要依靠调整个人工作效率及心态使自己心理更加平衡，不能抱着负面情绪工作和生活。尤其是金融危机下，一些人初涉职场时往往没有择业的机会，就业时难免会遇到“穷忙”的状况。这时就需要降低对薪水的期望值，调整消费观念，作出适合自己的理财规划、职业规划，提高工作时间内的工作效率，离开工作单位后能够充分享受属于自己的私人时间，及时充电，增强自己的竞争力等，这些都是非常重要的途径。

奔奔族：奔出富足生活

华尔街风暴之后，一夜之间几乎所有的人都习惯地问一句话："最近压力大吧，理财了吗？"这年头下至新生婴儿，上至百岁老翁都有压力。然而压力最大的无疑是号称"三高"的"奔奔族"了。

要问"奔奔族"是何许人也，现在不妨跟你稍加解释："奔奔族"是前几年网上出现的名词，"奔奔族"也就是"东奔西走"之族，被称为"当前中国社会中最重要的青春力量"，他们奔跑在事业的道路上；同时也是中国社会压力最大的族群，身处于房价高、车价高、医疗费用高的"三高"时代，无时无刻不承受着压力。

"奔奔族"大多出生于1975—1985年之间，对社会依旧充满烂漫幻想，最大的优势就是"奔奔族"自身的"青春护照"。他们甘当草根、为网络而生，他们玩命工作，痛快享乐，却由于承受巨大压力，不得不提前预支享受生活，他们特立独行，张扬自我，却容易在香烟加可乐中得到满足。他们使出了浑身解数在事业上，但大多还都处于"在路上"的状态：高学历的人越来越多，好工作并不好找；房价越来越高，甚至贷款都买不起；结婚一下就得消费好几万元；生个孩子每月光奶粉钱就得上千元；他们绝大多数人是独生子女，不得不单独承担赡养老人的义务。有些人经济状况并不乐观。

如果金融危机没有出现，也许"奔奔族"还可以满怀一腔热血，继续拼搏和奔走。但是若他们不幸地遭遇了金融危机，这给那些处于"三高"时代的"奔奔族"带来了更大的压力。

有压力才有动力，谁也无法控制房价的高低、医疗费用的增减，衣食住行的问题仍然要靠足够的资金才能解决，似乎就只有拼命赚钱一条路可走了，但一场金融风暴，即使拼命，赚钱也成了难事。

其实，换个心态来看，“奔奔族”如果把财理好了，也就是把钱赚了，事业也就开始有谱了。在金融危机下，我们能控制的只有自己的资金。那么，“奔奔族”如何应对呢？“奔奔族”至少要把握四大目标。

首先，要做到让自己的财产增值。虽然这是大多数人的目标，但是要想做好确实不简单。其次，“奔奔族”要注意在理财时保障自己的财产安全。这包括资金价值不减少，不会因贬值等因素遭受损失和保证自己的资金数额完整两方面。再次，“奔奔族”的重要目标是能保证正常的日常开支，要将防御意外事故放在前面，把损失降到最低。最后，一大目标则是养老问题。也许很多“奔奔族”并没有想得这么长远，但是这一点确实是很有必要的。因为现代家庭呈现的是一种金字塔结构，尽早制订适宜的理财计划才能保证自己晚年生活独立富足。欢欢是典型的“奔奔族”，但是她的日子却过得很舒服。她把自己每月4 000元的收入做了分工。首先，她每月都会拿出1 000元作为固定储蓄存好，再把1 000元存活期，以备不时之需。剩下的2 000元留作生活开支，但是她坚持记录每一笔开支的用途。

“奔奔族”把“活在当下”作为自己的人生哲学，最容易忽视的就是理财，但是身处各种经济风险中的“奔奔族”最需要学习的就是如何理财。

剩女：理财莫忘婚姻计划

随着经济生活节奏的加快，工作压力越来越大，一些有能力的女士们虽然经济实力越发雄厚了，可是社交圈子却变得只剩巴掌大，大龄的单身贵族越来越多，网络上给这群人取了个不太好听的名字——“剩女”。以前她们中的一些人还会不屑地说：“‘剩女’

就‘剩女’，有什么不好，我赚的钱足以让自己活得自在。”可是被金融危机一搅，一些不会理财的“剩女”们也发出了不少感慨。感慨之余，不免要开始计划着理财了。

不过，“剩女”毕竟还是社会群体中很特别的一群，她们在积累财富的同时，还需要制定一个科学的理财规划，力争做一名“财女”，而其中，婚姻计划将是那些不打算长久单身的“剩女”理财规划中极为重要的一部分。

张小姐29岁了，很快就要跨入“恐怖”的30岁大关了，至今仍然单身的她是一家外企的部门主管，年收入11万元，也算是“小资”阶层了。她之前的日常开支大概是这样的：年日常生活费用总计3.6万元，每年需要支出2.4万元还房贷，孝敬父母2万元，旅游支出近1万元。7年前按揭购买的那套房产目前市价约60万元，贷款总共还有近10万元没有还清。银行里还有活期存款12万元，基金市值约6万元。初步了解张小姐的经济状况后，理财专家发现张小姐的活期存款过高。尽管受金融危机影响，银行多次下调了还款利率，不过张小姐其实也无须急于还清贷款。张小姐只投资了一种基金，渠道过于单一，风险不利于分散。其实张小姐可以尝试基金定投，这样不仅可以降低风险还可以帮助她养成定期储蓄的好习惯。适当减少一些活期存款的比重，将资金投资到一些既安全又可以获得较高收益的理财产品上。

张小姐在外企工作，生活节奏很快，所受的压力也不可小看。尽管公司的福利较好，能为其缴纳五险一金，但是由于所受的压力很大，意外伤害和疾病的发生概率都会高于普通人群，光有基本医疗保险是远远不够的，所以像张小姐这样的情况还是比较需要购买一些意外、健康方面的保险，以防未来可能出现的潜在风险。另外，最主要的问题是张小姐已经到了适婚年龄，婚姻也是她急需考虑的问题。张小姐迟早会步入婚姻的殿堂，因此我们说结婚要列在张小姐重要的理财规划中。她需要尽量多地积累资金，以避免出现资金不足的状况。为此，张小姐有必要尽量减少家庭生活开支。在张小姐每年收入 11 万元的情况下，就要支出 9 万元，结余 2 万元。这对于尚未结婚的张小姐来说是很不利的。

“剩女”尽管目前还是一人吃饱全家不饿，可是终归还是要成家的。为了将来能不为柴米油盐发愁，更多地享受生活，现在就有必要做一个正确的理财规划。

白领：理财重在坚持

白领阶层一般都拥有一个令人称羡的职业，他们工作轻松，无须风吹日晒就能轻轻松松赚得不菲的薪酬。然而他们却往往每月领了工资，交了房租水电费，充了电话费，买了点生活用品，再摸摸口袋就发现自己真的成了“白领”。身边的白领常常会出现这样两类情况：10 年前甲和乙是大学同班同学，毕业工作 5 年后，不约而同积蓄了 30 万元人民币。5 年前，他们都花掉了这 30 万元。

甲花钱购买了一套房。乙花钱买了一辆不错的小轿车。5 年后的今天：甲的房子，市值 60 万元。乙的小轿车在二手车市场中的市值只有 5 万元。两人同样学历、基本具备同样的社会经验，收入也都一样，而目前的资产却有了明显的差异，为什么他们两人的财富不一样？甲花钱买房是一种持续的“投资”行为——钱其实没有花出去，只是转移到了房子里，以后还是都归自己所有。乙花钱买车则是一种“消费”行为——钱是花出去了，给了别人，车子用过几年后，其价值早已无法与昔日相提并论。理财方面有三句经典的话：每月储蓄一部分工资，先储蓄，后消费；投资年回报 10% 以上；年年坚持，坚持 10 年以上。而这最后一条才是最重要的，储蓄贵在坚持。不少白领也曾想过要有些积蓄，但是他们总是每个月的薪水都

先用来花费，剩下了就存起来，没有剩下，那就算了，等下个月再存，结果明日复明日，最终还是做足了“白领”。

我们从小就知道，人生总需要不停地面临抉择，对于环境，我们只有两种选择，要么去改变环境适应自己，要么是改变自己去适应环境。而我们知道，环境的因素又常常是难以抗拒的，就像金融危机。“坚持”是许多目标实现的必然，那么这与理财又有什么必然的联系呢？事实上，对于理财，时间才是根本。尤其是白领阶层，他们往往只为图一时之乐而忽略了理财的必要条件。其实，时间就是成本，任何一种理财产品都需要有时间的保障，需要“坚持”。以股市为例，多方资本正在博弈，因而难免会有意见不统一的时候，大盘指数时而暴跌，时而回补迅速创新高。场外观望的资金能否“坚持”等待大盘回补缺口或回调建仓？场内资金是否“坚持”对大盘走势的判断及时调整仓位？这一切，都在“坚持”之中。

然而，人在穷的时候，对于“坚持”往往会更容易，人们更容易学会满足生活的“坚持”，因为这其中有些不得已而为之的意思；可是，对白领阶层来说，他们拥有一定的财富，应该有比较强的能力进行理财规划，但有时却又变得那么难！

因而对于白领们而言，对于理财，贵在坚持！白领们只要能实施自己的理财计划，一般来说，就都能够积沙成塔，集腋成裘。

孩子：理财教育要趁早

孩子是祖国未来的栋梁，从娃娃抓起已经越来越成为一种趋势。在一些发达国家，人们对儿童的理财教育十分重视，甚至渗透到了儿童与钱财发生关系的一切环节中。尽管社会仍存在着差异，但就像金融危机能够影响全球一样，关于孩子理财的教育很快就会风靡全球。

在美国，父母总是会让孩子早早地学会独立。作为移民国家的美国，传统、保守的思想很少，在生活习惯上不喜欢墨守成规。喜欢提前消费的美国人在对孩子的理财教育上也很有特点。在美国，孩子大多在中小学时就掌握了基本的经济和商业常识。这与美国浓厚的商业社会氛围是密不可分的。

在美国人眼里，一个人在市场经济和商品经济的社会中，个人的理财能力直接关系到他一生的事业成功和家庭幸福。美国的父母都希望自己的孩子能早些了解自立、勤奋与金钱的关系。在美国有一句话：从三岁开始实现的幸福人生计划。让孩子学会赚钱、花钱、有钱并与别人分享钱财，他们鼓励孩子从小就工作赚钱，并教导孩子通过正当手段赚取收入。在美国，家长和孩子的口头禅是“要花钱打工去！”虽然他们从小就知道赚钱，却没有“铜臭味”。即使出生在富有的家庭，孩子也要和所有同龄人一样自己赚钱，一样会培养孩子的工作欲望和社会责任感。美国的家长通过各种切合实际的金钱教育，让美国孩子具备了很强的独立性、经济意识以及经济事务上的管理和操作能力，一个十几岁的孩子大多都能养活自己了。

英国人在我们眼里有时候会感到他们过于保守，对于金钱也持有一种保守的观念，他们认为“能省的钱不省很愚蠢”。他们的理财教育方面提倡理性消费，鼓励精打细算，他们善于在各种规定中寻找适合自己的生活方式。作为一个发达国家，英国的人均生活水平并不低，但是他们仍旧节俭。善于理财的英国女性在年轻的时候就会积蓄钱财，省吃俭用，在各地购买房产留到老的时候再折成现金。很自然地，他们把这种理财观念传授给了下一代。在英国，对孩子理财观的教育是贯穿于教学中的。在孩子 5 ~ 7 岁时要懂得钱的不同来源，并懂得钱可以用于多种目的；7 ~ 11 岁的时候要学习管理自己的钱，认识到储蓄对于满足未来需求的作用；11 ~ 14 岁的时候要懂得人们的花费和储蓄受哪些因素影响，懂得如何提高个人理财能

力；14～16岁的时候要学习使用一些金融工具和服务，包括如何进行预算和储蓄。近年来，儿童储蓄账户越来越流行，大多数银行都为16岁以下的孩子开设了特别账户。有1/3的英国儿童将他们的零用钱和打工收入存入银行和储蓄借贷的金融机构，以培养理财观念。

而日本则更注重家庭教育，他们主张孩子自力更生、勤俭持家，不能随便向别人借钱，他们会让孩子自己管理自己的零花钱。在日本有一句名言"除了阳光和空气是大自然赐予的，其他一切都要通过劳动获得。"尤其受近年来经济不景气的影响，日本家庭越来越推崇勤俭持家。很多家庭每个月都会固定给孩子一定数量的钱，家长会教导其节省使用以及储蓄压岁钱。在孩子渐渐长大后，家长还会要求孩子记录每一笔开支。在经济全球化的今天，中国家长们同样应该借鉴那些发达国家对于孩子的理财教育，让孩子学会以充分的准备应对未知的风险。

私企业主：创富理财两手抓

自改革开放以来，我国私营企业呈现了蓬勃发展的趋势。私营企业越来越成为一个备受关注的行业，他们的理财方式和观念也受到了银行、保险、基金等许多金融机构的关注。对于他们的理财方式，我们通过几个例子进行初步了解。

张先生40岁了，早在5年前，张先生就在北京开了一家饺子馆。多年的苦心经营，饺子馆的生意做得风生水起。一年前，张先生的饺子馆扩大了很多，每月扣除员工的工资及各项开支，还会有近两万元的结余。那张先生是怎么处理这两万元的呢？张先生把它们都存在银行里。截止到目前，张先生仍然坚持这种单一的理财方式。张先生对此解释说，他其实也很希望能有多样化的理财方式，但是由于自己在理财方面知识很匮乏，又由于平时忙于饺子馆的生意，无暇顾及这些钱财，于是只能选择这种最传统、最保险的理财方式。

何先生与张先生有所不同，他是一位拥有700万元资产的采石场老板，两个孩子都在读大学。何先生不到20岁就开始外出打工，打过石头，搞过运输，身体还算健康，不吸烟不喝酒，踏实肯干。何先生700万元的资产中有近400万元是别人欠下的未收款，还有一大部分是采石场的固定资产，何先生有大约50万元的存款，另外，还有200万元的欠债。何先生很注重保险保障，几年前就已经给两个孩子都买了教育金保险和重大疾病保险，并且给自己购买了重大疾病保险和意外保险，每年为保险的支出就有几万元。不久前，何先生意外身亡，保险公司按合约给予了他家共计200万元的理赔金。

李女士是经贸英语专业的优等生，几年前毕业后，她没有选择到政府机关或国企找一份稳定的工作，也没有到外企打工，而是四处借款自己创办了一家私营企业。如今的她已经是一个每年有数百万元人民币入账、手下有几十名员工的私企业主了。李女士除了每年都会把赢利的部分用来扩大业务，还选择了多种理财方式。她除了有10万元左右的存款、每年两万多元的保险投入之外，她还购买了20万元的国债。除了这些安全性比较强的理财产品之外，李女士还购买了总价值100万元左右的开放式基金，这些基金产品中，60万元左右属于股票型基金，20万元左右属于债券型基金，剩下的主要是平衡型基金。不过由于自己平时工作繁忙，没有时间关注股市行情，所以她没有投资股票市场。

王先生是一家IT公司的老板，由于经营业绩比较好，个人收入相当可观。年近40岁的他坚持公司方面全部由自己做主，但家庭理财全部交由太太负责。而王太太则把自己的大部分时间投在家庭理财方面。不但每月都有一份收支明细，还把计划外的余钱分出一部

分存到银行，一部分买国债，一部分炒股，还有一部分和朋友做一些低成本的小生意。除此之外，还把投资房产作为一种重要理财方式，除了自己的住房外，还购置了两套交通方便、配套设施完善的房产，装修后出租出去，每月都有万元进项。

综合前几位私企业主的理财实例，我们不难选出恰当的理财方式。

第七节　除净理财四大“心魔”

对于许多人来说，不是不知道何为理财，也不是不明白理财的重要性，但是，他们迟迟没有参与到理财中来，究竟是何种心理在作祟呢？我们身边有许多人，他们持着错误的观念，为内心的“心魔”所纠缠，以为自己不理财也能生活得不错。但是，只有尝试过理财的人，才能感受到不理财的生活是何等浑浑噩噩。因此，战胜“心魔”，让自己心无旁骛地投入到理财中，通过理财改变我们的生活才是正理。

理财心魔之一——收入不高，没必要理财

许多踏上工作岗位不久的工薪族，工资一般都不是很高，除去必要的生活开支，如房租、餐饮费、衣服、交通费等，每个月也所剩无几，若是稍稍享受一下，就要等着下个月的薪水度日了。因此，他们以收入不高为借口，逃避理财。

其实，理财并不在于财富的多少，俗话说，“时间就是金钱”，理财最厉害的武器就是时间，通过时间来使财富增值。哪怕一个月拿出500元做投资，年收益8%，经过复利的循环，则20年后，回报的将是35万元。并非小钱理不了财，而是没有去想如何利用小钱理财，只要有理财的想法和行动，小钱同样可以理理。

理财心魔之二——我不是理财那块料

不少人对自己的理财能力没信心，对数字分析没兴趣，不相信自己的能力，持保守的态度。许多工薪常常选择储蓄和保险作为自己的投资工具，虽然资金的安全得到了较好的保证，但是却忽略了通货膨胀这一无形的杀手，不仅利息可能被吃掉，长久下来，本金可能都难保。

对理财的不闻不问就是对自己财富的不负责任，与其看着自己的存款资产在银行里缩水贬值，不如尝试着自己理财，从不懂到懂，进而成为理财高手。

理财心魔之三——理财就是赚大钱

也有许多懂点理财的工薪族认为，理财就是赚大钱，就是做投资。这种对理财概念的理解，很容易使人急功近利，有可能大钱赚不了，小钱守不住。

理财，不仅是对资产的投资和管理，还包括生活中的理财，理财涉及方方面面，是一个系统的理财规划体系，而非单纯的投资赚钱。合理地划分生活开支和可投资资产，正确认识理财，是理财行动开始前必须做好的。

理财心魔之四——我很忙，没时间理财

工薪一族多数都是朝九晚五的作息时间，更不用说加班之类，这也成为很多工薪族不愿理财的借口。

其实，时间对每个人都是公平的，如果可以挤一挤，平时提高

工作效率，稍微占一点休息时间，就可以学习理财。同样，如果你不去挤出时间来理财，而别人先你一步，则日后的收益，可就大大不同了，这也就是为什么穷人一直在喊穷，而富人却越来越富的原因。工薪族在平日乘车时或是晚上睡觉前，阅读一些理财的书籍报刊，在上网时浏览一些理财的网站，掌握一些便利的理财工具，如一些金融业务只要开通了网上银行就可轻松办理，网上基金买卖、炒股等，对闲散时间的有效利用和管理，就是工薪族能获得财富的关键因素。

由此看来，理财的道路上有着许多诸如此类的“拦路虎”，如果能够战胜它们，则财富的积累指日可待；如果屈服于它们，则理财道路将渐行渐远。

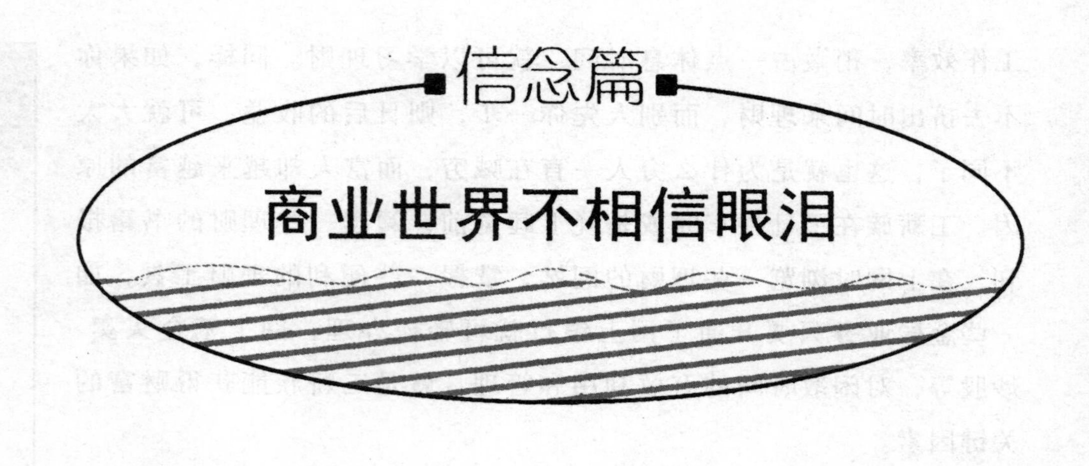

第八节　向善人行善，向恶人施恶

《旧约全书·申命记》中有一句话：“以眼还眼，以牙还牙，以手还手，以脚还脚。”以其人之道还治其人之身，这是一种人生信条，中国古话里也有“人不犯我，我不犯人，人若犯我，我必犯人”的教诲，在理财和经商方面也是如此，除了实力之外，你还需要底牌。底牌是通向成功的密码。

30 多岁的郑先生毕业于韩国某大学，到日本读完研究生之后，在中国香港取得了 MBA 学位，现在在某海外投资公司里担任东亚地区的副总裁。以 2005 年为标准，郑先生负责 4 200 亿韩元投资基金的运用，光是公司支付的工资就达 170 万美元。此外，倘若加上他个人直接投资赚的收益，他一年的收益绝不会低于 25 亿韩元。

郑先生说：“我出去为顾客作各种与投资相关的演讲时，许多听讲者看到我还这么年轻，都会不停地摇头，这是一种不相信本人实力的表现。每到这时我就会说‘我一年赚到的钱比大企业 CEO 平均工资的三倍还要多’。这时，许多听讲者瞪大眼睛，开始不敢小看我了……”

凭借实与努力，任劳任怨地干上 10 年，难道郑先生是采用这样的方式当上“钻石王老五”的吗？对郑先生而言，诚实与努力是根本，但光凭诚实与努力是不够的。郑先生之所以能取得今天的成就，很大一部分原因来源于他的“冷酷”。郑先生笑言，在自己的血管里没有一滴“热血”，全部都是“冷血”。虽然别人对他的第一印象是脸上流露着温柔的微笑，声音如幼儿园的老师一样亲切，而且保养得很好，脸上找不到半条皱纹，但是郑先生只要一进入商业世界，立刻会变得“冷酷”起来。

郑先生说：“职业人士缺乏战斗意识，永远都只能当一名微不足道的小员工，在平淡无奇中过一辈子。左脸挨打，还要把右脸伸过去。”

对于郑先生的座右铭，他这样说：“奉行铁血政策的德国宰相俾斯麦曾经说过这样一句名言：‘男人要想强大起来，就必须同时具备两极化的性格，向善人行善，向恶人施恶。’”

几年前曾经有一段时间，郑先生的业绩一直处于低谷，公司因此想将郑先生调到中国台湾去，不过郑先生则希望能到位于上海的亚洲区本部去工作。

“我自认为业绩不好，并不是由于我个人能力不足，因此，我认为公司将我派到中国台湾是对我的一种不公平的待遇。”

当时，拥有人事调动权的东京分公司社长正积极活动，推荐自己的大学后辈——日本人 H 先生到亚洲本部去工作。郑先生与社长数次面谈表达自己想去上海工作的愿望，不过都遭到了分公司社长的严词拒绝。但是，郑先生很快就调查出 H 先生曾向顾客提供过大量的虚假资料，给顾客及公司的声誉带来了很大损失。他将收集到

的因H先生的虚假资料导致顾客中断与本公司交易的第一手资料呈给社长，不过分公司社长听到了也没有做过多的表示。

郑先生说："公司里的人都知道，H先生能力不足，全凭'走后门'才得到晋升，而且平素就在公司内拉帮结派，把公司闹得乌烟瘴气。于是我收集到了许多有关H先生弱点的资料，并将其中的一部分报告交给分公司社长，但分公司社长却无动于衷。这时我就只好拿出另一张底牌，当时H先生正跟在某高级酒吧里工作的某个女子打得火热，但该女子同时又跟我们公司的某VIP顾客保持着亲密关系。我将这一事实报告给了分公司社长，告诉他的目的不仅是想表示由于H先生的存在，使我们公司又失去了一位大客户，而且H先生的私生活也很不检点。但是分公司社长仍然不为所动。"

最后，郑先生将打击的对象从H先生转变为分公司社长，他向公司请求休假，并借着休假的时间飞往美国总公司，跟总公司的亚洲区总裁见了面。在那里，郑先生将东京分公司社长用公款在新加坡炒外汇赚了20亿韩元的事情揭发出来，并附带呈上了证据资料，果断弹劾了自己的上司。最终东京分公司的社长不得不主动辞职。

就这样，郑先生如愿以偿地被调入上海亚洲区本部工作。

你一定要明白，在商业世界里，实力并不是成功的绝对条件，这世上有能力的人不计其数，在实力之外你还需要底牌，底牌才是通向成功的密码。

对于满足于几千万韩元年薪的人来说，他们喜欢"朝九晚五"、与世无争的生活。然而，如果你的梦想是成为富人、有巨大的野心或者是想实现更多的自身价值，那你就一定要有奋斗精神。

"虽然这只是我个人的见解，跟富人花同样的钱去同样的桑拿房享受一番，你就认为自己过上了跟富人平等的生活吗？还差得远呢。富人只要愿意，就可以随心所欲地到桑拿房洗上10次，但你要省吃俭用很长时间，才能像享受奢侈品似的去桑拿房洗上一次。这并不是一种平等。”

许多新生代富豪向人们忠告道：“要在商战中成功，就要首先拿起大锤投入战斗。失败实际上就是无能的代名词。对于将财富和成功作为奋斗目标的职场人士来说，安逸是最大的毒药。如果你放下了战斗武器，忘记了斗争策略，那你就永远只能处在战败者的位置。”

“在对方攻击你之前，你要首先让对方缴械投降，这才是最好的战略。实在不行，你也要准备好防身的工具和武器。”如何防身，如何在商业世界里成为强者，如何迈上成功的宝座，我们将在以后的文章里进行介绍。但你一定要记住一点，商业世界不相信眼泪。

第九节 追逐成功

“追逐金钱是没有用的，你要耐心等待，总有一天钱会自动找上门来。”这是部分投资者的见解，但是这句话未必正确。许多人常常抱怨道：虽然我拼命地挣扎，想挣钱，但始终还是在原地踏步。你拼命挣扎想赚钱，只是你不知道挣扎的方法，白白地挣扎，或者你知道赚钱的方法，却不去挣扎，所以你没有赚到钱。总而言之，只有那些追逐金钱的人才能赚到钱。让我们来听一些成功者的故事。他们或许出身不一，但都拥有一颗想要成功的心，从他们身上或许你能学到一些追逐成功的方式。

募到难得的 1 美元的小伙子

越战期间，美国好莱坞曾经举办过一场募捐晚会，由于当时的反战情绪比较强烈，募捐晚会以 1 美元的收获而收场。在这次晚会上，一个叫卡塞尔的小伙子一举成名，他是苏富比拍卖行的拍卖师，这唯一的 1 美元就是他募得的。在晚会现场，他让大家选出一位漂亮姑娘，然后由他来拍卖这位姑娘的吻，最后，他终于募到难得的 1 美元。当好莱坞把这 1 美元寄往越南前线的时候，美国的各家报纸都进行了报道。

这无疑是对战争的嘲讽，多数人也都把它当做一个笑料。然而德国的猎头公司却发现了这位天才，他们认为卡塞尔是棵摇钱树，谁能运用他的头脑，必将财源滚滚。于是建议日渐衰落的奥格斯堡啤酒厂重金聘请他为顾问。1972年，卡塞尔移民德国，受聘于奥格斯堡啤酒厂。在那里，他果然奇思妙想不断，他甚至开发出美容啤酒和沐浴用啤酒，这使奥格斯堡一夜之间成了全球销量最大的啤酒厂。

而卡塞尔最引人注目的举动是1990年，他以德国政府顾问的身份主持拆除柏林墙。这一次，他让柏林墙的每一块砖都变成了收藏品，进入全世界200多万个家庭和公司，创造了城墙售价的世界纪录。千万不要轻视和嘲笑你身边那些耽于幻想的人，说不定哪一天，他的异想天开会变成摇钱树，让你目瞪口呆。

波尔格德的一个高招

波尔格德是石油企业家的儿子。1914年9月刚从英国回到美国，便决心从事石油开采业。1915年10月，美国俄克拉荷马州有一个石油矿井招标，参加投标的企业家很多。有不少投标者实力雄厚、财大气粗，竞争异常激烈。波尔格德此时才成立的公司资金不足，不是那些大企业家的对手。怎么办呢？经过苦思冥想，波尔格德想出了一个高招。

投标那天，波尔格德租了一身十分华贵的衣服，约了一位他所熟悉的著名银行家，同他一道前往投标会场。到了会场，波尔格德显得气度不凡，胸有成竹，加上身旁有著名的银行家陪伴，致使在场的企业家的目光都集中到了他的身上。

那些跃跃欲试，准备在投标中一决胜负的投标者，心里不免忐忑不安。想到波尔格德是石油富商的儿子，现在又有大银行家做“参谋”、当“后盾”，感到自己绝非波尔格德的对手。于是，投标会场发生了戏剧性的变化，企业家们竟三三两两地相继离开了。留下的也不敢竞价。结果，波尔格德以500美元的低价就轻而易举地

中标了。他这套把戏居然成功了。4 个月后，即1916 年 2 月，波尔格德中标的那个油矿打出了优质石油。他马上以 4 万美元的价格将油矿售出，很快便获得了3 万多美元的纯利。

波尔格德一处又一处地投资开采石油，不断成立新的石油公司。到了 1917 年 6 月，23 岁的波尔格德已成为拥有 40 家石油公司的富翁。

人们常说“时间就是金钱”，其实“点子”也是金钱。点子是人们解决问题时想出来的办法，杰出的点子就是最好的创意，是获得事业成功的可靠保障。

大胆构想和创新

彼得森创办的“特色戒指公司”在几经周折后终于挂牌营业了。既然是“特色戒指公司”，生产的戒指就应该有自己的特色，否则就是哗众取宠，名不副实。经过多方面的考察，彼得森在订婚戒指图案的表现手法上大动脑筋。因为象征着爱情的首饰大多以心形构图，这已为广大消费者所公认所接受，彼得森对此传统仍然沿用。但是在构图的表现手法上，彼得森却匠心独具。他把宝石雕成两颗心互抱状，表现一对恋人心心相印，再用白金铸成两朵花将宝石托住，表示爱情的美好与纯洁；两个白金穗中各有一个天使般的婴孩，一个是男婴，一个是女婴，手中牵着挂在宝石上的银丝线，以此祝福新郎新娘未来美满幸福的小家庭。那条男女婴儿牵的银丝线更是别出心裁，那银丝线上有许多手工镂刻出来的皱纹，皱纹的数目可以随意增减，这样就为购买者留出做记号的余地，例如男女双方的生日、订婚日期、结婚年龄或其他私人秘密，都可以通过“皱纹”多少表现出来。

这一成功的设计果然使彼得森一举成名，“特色戒指公司”生产的戒指一炮打响，赢得了顾客的认可和赞誉，公司的生意日渐兴隆。经过艰难困苦的他在得了第一桶金之后，并没有就此停步，而是不断地探索戒指生产的新工艺、新方法，并于1948年发明了镶嵌戒指的“内锁法”。一天，一个富商慕名来找彼得森，那人拿出一颗硕大美丽的蓝宝石，要求彼得森镶嵌出一个与众不同的戒指，并且最好能够使蓝宝石得到最大限度的体现，商人想把这枚特别的戒指送给自己的女友——一个著名的电影明星。彼得森在图案上下工夫不会有什么惊人之举，唯有在那颗蓝宝石上想镶嵌戒指的办法，如用金属把宝石包托起来，这样宝石有近一半被遮盖起来，也就是说一块宝石料做成首饰后至少有1/3被掩盖。而商人的要求是最大限度地体现宝石。因此，他发明了一种新的连接方法——内锁法。用这种方法制造的首饰，宝石的90%暴露在外，只有底部的一点面积像果实与蒂相连接那样。

商人出了高价满意离去，彼得森再次声名远扬。他从心眼里感激那位富商，如果没有他“苛刻”的要求，就没有在戒指镶嵌工艺上有巨大改进的“内锁法”的诞生。这项发明很快获得了专利，珠宝商们争相购买，彼得森赚取了大笔的技术转让费。那个女影星也成了彼得森的义务广告宣传员，从此，那些崇拜电影明星的太太小姐们，得知这枚戒指出自彼得森之手，便不惜花大价钱请他做首饰，她们以拥有彼得森亲手制作的首饰为荣耀。

1955年，彼得森又发明了一种“联钻镶嵌法”，采用这种方法把两块宝石合在一起做成的首饰，可使1克拉的钻石看起来像2克拉那样大。这种大轰动效应，使人们纷纷抢购这种戒指，而珠宝商们纷纷购买这项专利。彼得森凭借自己聪明的头脑和大胆的构想，最终成为了“钻石大王”。致富的秘诀，在于眼光独到，大胆创新。想人之所不能想，才能比别人赚得多。

要是不抽烟

在犹太人中流传着这样一则笑话：卡恩站在一个百货商场门口，浏览着色彩缤纷的商品。这时，他身边走来一个衣冠楚楚的绅士，口里叼着雪茄。卡恩恭敬地走上前，对绅士礼貌地问："您的雪茄很香，好像很贵吧？"

"2 美元一支。"

"好家伙……您一天抽几支呢？"

"10 支吧。"

"天哪！您抽烟多久了？"

"40 年前就抽上了。"

"什么？您仔细算算，要是不抽烟的话，那些钱足够买这幢百货商场了。"

"那么说，您也抽烟了？"

"我才不抽呢。"

"那么，您买下这幢百货商场了吗？"

"没有啊。"

"告诉您，这一幢百货商场就是我的。"

谁也不能说卡恩不聪明。其一，他心算能力很快，一下子就算出抽 40 年 2 美元一支的雪茄就可以买一幢百货商场了；其二，他很懂勤俭持家、由小到大的道理并身体力行，从不抽烟。然而，卡恩的智慧并没有变成钱，因为他既没有享受雪茄也没有攒下买百货商场的钱。所以，卡恩的智慧是死智慧，绅士的智慧才是活智慧。钱是靠赚出来的，而不是靠克扣自己攒下来的。适度享受是一种明智的人生态度。

以较少的资金做较大的生意

做生意总得有本钱，但本钱总是有限的，连世界首富也只不过有百亿美元左右。但一个企业，哪怕是一般企业，一年也可做几十亿美元的生意，如果是大企业，一年要做几百亿美元的生意，而企业本身的资本，只不过几亿或几十亿美元。他们靠的是资金的不断滚动周转，把营业额做大。一个企业会不会做生意，很重要的一条就是看其能否以较少的资金做较大的生意。

普利策出生于匈牙利，后随家人移居到美国生活。美国南北战争期间曾在联盟军中服役。复员后学习法律，21岁时获得律师开业许可证，开始了他独自创业的生涯。普利策是个有抱负的年轻人，他觉得当个律师创不了大业，反复思考和观察把一个有广阔发展余地的行业作为自己的立足点。经过深思熟虑，他决定进军报业界。普利策既无资本，又没有办报经验，如何能办起一家报纸并能使它赚钱呢？对一般人来说，连想也不敢想，更没有胆量去这个“大海”游泳、冲浪。但普利策选定了这个目标后，毫不动摇地一步步往前迈进。他想，人生之成功，与其说是战胜别人，不如说是战胜自己。一个人要有自己的人生目标，一旦目标确定后，就要树立雄心，战胜一切畏难思想，无怨无悔地往目标攀登，成功总是酬报有志者的。

古希腊物理学家阿基米德说过：“给我一个支点，我就能撬动地球。”这给普利策很大启发，他决心先找一个“支点”，有了“支点”再去实现移动“地球”的壮举。据此，他千方百计寻找进入报业工作的立足点，以此作为他千里之行的起步点。经过“跑断腿，磨破嘴”的历程，他找到圣路易斯的一家报馆，那老板见这位年轻人如此热心于报业工作，机敏聪慧，勉强答应留下他当记者，但有个条件，以半薪试用1年后再商定去留。为了实现自己的目标而屈

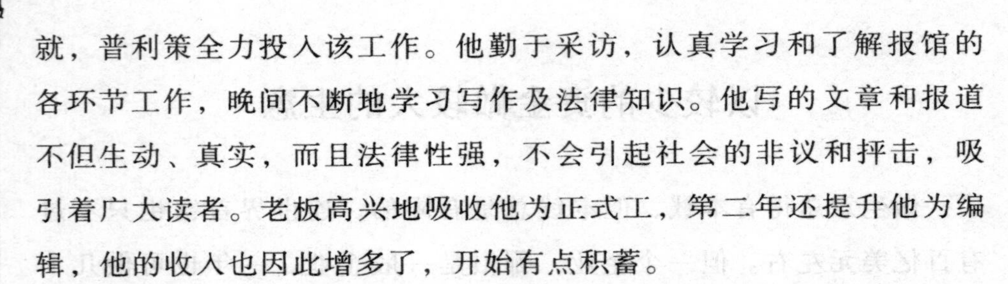

就，普利策全力投入该工作。他勤于采访，认真学习和了解报馆的各环节工作，晚间不断地学习写作及法律知识。他写的文章和报道不但生动、真实，而且法律性强，不会引起社会的非议和抨击，吸引着广大读者。老板高兴地吸收他为正式工，第二年还提升他为编辑，他的收入也因此增多了，开始有点积蓄。

几年后，普利策对报社工作了如指掌了，他决定用自己的一点积蓄买下一间濒临歇业的报馆，开始创办自己的报纸，取名为《圣路易斯邮报快讯报》。普利策自办报纸后，资本严重不足，但他善于借用别人的力量，使用别人的资金，很快就渡过了难关。他怎么借用别人的力量呢？

19世纪末，美国经济开始迅速发展，商业开始兴旺发达，很多企业为了加强竞争，不惜投入巨资搞宣传广告。普利策盯着这个焦点，把自己的报纸办成以经济信息为主，加强广告部，承接多种多样的广告。就这样，他利用客户预交的广告费使自己有资金正常出版发行报纸，发行量越来越大。开办5年，每年为他赚了15万美元以上。他的报纸发行量越多，广告也越多，他的收入进入良性循环，不久他发了财，成为美国报业的巨头。

普利策能够从两手空空到腰缠万贯，是一位做无本生意而成功的典型。他初时分文没有，靠打工挣的半薪，然后以节衣缩食省下的极有限的钱，一刻不闲置地滚动起来，发挥更大作用。判断一个企业家是不是有头脑，会不会做生意，很重要的一条就是看其能否以较少的资金做较多的生意。

找准定位，做好本行

加拿大的第二大城市蒙特利尔市建在圣劳伦斯河的一个岛上，圣劳伦斯河可以说是加拿大东部人民的母亲河。在蒙特利尔市有一条很著名的街道——圣劳伦斯街。在这条街上，有一家同样著名的餐馆，这是一家犹太人开的熏肉店。这家熏肉店，据说是早年由从波兰或罗马尼亚过来的犹太移民所开。这家熏肉店在当地既不占先机，也不占主流，但它开得很有特色，很有名气。它的名气甚至使它成了城市的一个亮点，不仅当地的食客很多，外地来的也不少，很多旅游方面的杂志甚至把它列为蒙特利尔市的一个重要景点。于是近处的、远处的，东方的、西方的，有钱的、没钱的，喜欢的、不喜欢的（仅是慕名而已），都涌到了这里，使这里每天都会出现排队候餐的盛况。

圣劳伦斯街是一条很古老的街道，那里的建筑物大多显得很陈旧，而这家店的店面就更不起眼了——仅有一间单开门铺面。里面的店堂实在太小，恐怕不会超过50平方米；设施也很陈旧，不过这里的卫生一点都不含糊。犹太人的熏肉店其实就是另一种形式的快餐食品店。这里可供选择的主食也真是简单得很，除了面包夹熏肉的三明治食品外，还有烤牛排或牛肝，但最出名的当然还要数熏牛肉（客人大多点了这道菜）。这些东西的价格很便宜，也就4~7个加元，在当地也就是一餐汉堡包的价钱。此外，它既是人们可以接受的主流食品（面包三明治），又与当今最流行的汉堡包风味迥然不同。汉堡包大多加有很多奶酪，而这里就是熏肉或烤肉，汉堡包配餐的饮料大多是可乐，而这里的客人大多点的是一种带甜酸味的樱桃可乐。

店里做的熏肉，都是选上等牛肉为原料，制作过程也相对复杂。据说是要先将牛肉腌10天以上，然后再熏10个小时。由于配料用的是家传秘方，因此更增加了它的神秘色彩。不过该店做出来的肉的确很香、很嫩，也很松软，嚼在嘴里感觉它很快就化了。餐饮业素来竞争激烈。当地其他餐馆的生意并不好做。可犹太人的熏肉店，据说已传了三代，而这家店的生意一直都很红火。但这么多年，它

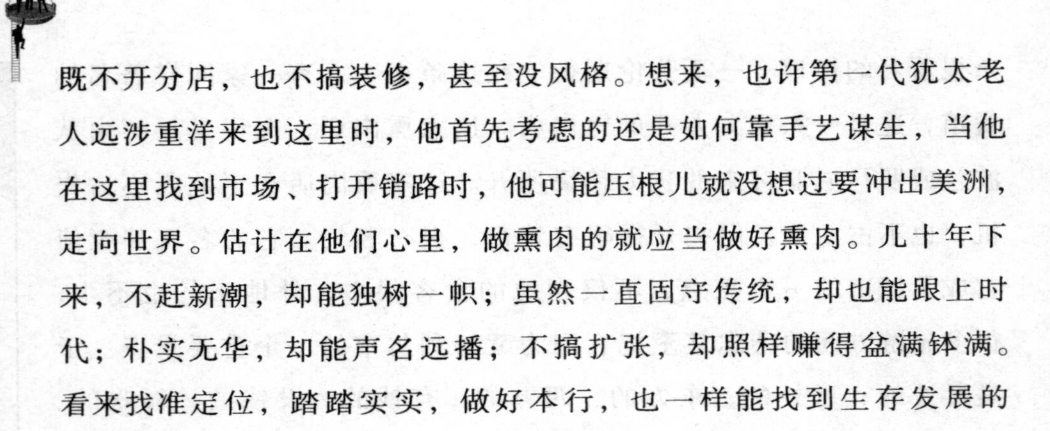

既不开分店，也不搞装修，甚至没风格。想来，也许第一代犹太老人远涉重洋来到这里时，他首先考虑的还是如何靠手艺谋生，当他在这里找到市场、打开销路时，他可能压根儿就没想过要冲出美洲，走向世界。估计在他们心里，做熏肉的就应当做好熏肉。几十年下来，不赶新潮，却能独树一帜；虽然一直固守传统，却也能跟上时代；朴实无华，却能声名远播；不搞扩张，却照样赚得盆满钵满。看来找准定位，踏踏实实，做好本行，也一样能找到生存发展的良机。

犹太人素以生意精明而著称于世，北美洲有很多商界巨头都是犹太人。做大做强了的暂且不提，像烤肉店这种做小做精的，也很让人羡慕。当外面的、全球的餐饮同行为竞争而杀得天昏地暗、人仰马翻时，蒙特利尔的犹太老人却几十年如一日地拨弄着他的熏肉。当这位老板一天下来，照样坐在壁炉边计算着收银机里流出的净利润时，你想想，那该是一件多么惬意的事情啊！

《塔木德》中说："没有哪种行业比另一种更好。"想要赚取更多的钱，主要不在于你干什么，而是取决于你怎么去干。

弗农推销方法中的别出心裁之处

莉莲·梅那斯切·弗农 1928 年出身于德国的一个犹太家庭。当 1951 年弗农开始在餐桌上组建邮订购物公司时，她当时是一个 23 岁怀孕的家庭主妇，试图为即将增添人口的家庭赚取额外的收入。她用 2000 美元的嫁妆钱投资于最初的一批钱夹和腰带，并花了 495 美元在《十七》杂志上登广告。弗农以典型的普罗米修斯风格行事，准备开拓别人未曾问津的新领域。你可曾想过西尔斯凭借雄厚的经济实力也在销售标有人名的腰带，而且西尔斯是最大的商品目录册零售商，弗农最强劲的对手；再考虑一下其他公司在没有丰厚积累的情况下，如果要将新产品推向新市场，会有怎样的情况发生。只有具有创业精神的人才能操纵陌生的环境。

弗农太勇敢，也许是太天真，敢于做没人愿意做的事情。但她直觉地了解像她这样的妇女想买什么产品，正是这种自我感觉给她以信心追求自己的道路。她的策略她自己看得最明白，因此她能弃别人的想法于不顾。弗农的创举是提供顾客需要的别致的产品。她的策略是传统竞争者不敢采取的：提供印有人名的、仅此一家的、没有大众市场的产品。弗农愿意冒大男人们不敢冒的风险，这成为她的威力所在。尽管她从没听说过相应的概念，她却找到了市场定位。“踏上别人不敢问津之地”是大多数企业家的共同之处，弗农也正是这么做的。她利用了商品目录册行业巨大的弱点（无力提供小批量、小范围的产品），将之转变为自己的优势。她的基本策略形成公司的保护性障碍，这种做法在形成之初极有可能让她破产。而弗农的洞悉力使她一举成功。

弗农最初的两样产品——腰带和钱夹，很具个人化的特色，她首次邮购广告在最初的12周内收到价值32 000美元的订货额。弗农对未曾料到的成功欣喜若狂，她又刊登标有人名的书签看看自己能否像第一回合这般幸运，这一新产品销售额较前一次翻番，于是弗农频频推出新产品，走上了顺利的道路。她不仅取得了经济上的成功，而且每种新产品都获得了良好的声誉，随着她不断找出吸引自己的新产品，一次次地推向市场，她的成功也随之增大。弗农下一轮产品是大手提包和黄铜门环，她所能想到的每件东西都是“别致而价格适宜”，并具个性化的特色。弗农看重的是“像我这样的妇女”需要的产品，她承认她一直最喜欢的是铅笔，但它们从来未被人列为她获得巨大成功的多米诺连锁效应系列。弗农最富有想象力的产品之一，是欢庆圣帕特里克节所需要的三叶苜蓿花形的女式连裤袜。

弗农对产品的直觉一直帮助着她，她凭借这一方法打入了竞争激烈的邮购商品册行业。她准备与大公司决一雌雄，于是在1954年自己出版了16页的黑白商品目录册，把它寄给125 000位已有的和潜在的顾客，这一策略使她在1955年时的年赢利增加到15万美元，而公司仍称为弗农专营店。弗农在经营中仍身兼数职，她是目录编辑、采购员，白天是邮购部经理，晚上充当财务主管。像所有成功的企业家一样，弗农常认为要在公司“了解各方面的经营情况”，一直如此。到了1965年企业规模已足够大，能组建公司了，于是她成立了莉莲·弗农公司。到1970年，公司年赢利已达100万美元。这种非同寻常的增长，是由于弗农事必躬亲的经营风格的作用。

弗农之所以成为世界女企业家巨头，是由于她直觉地感知人们所需要购买的产品特点，她不是运用传统的市场研究技巧或主顾群体来作出新产品的决策；相反，她完全依赖自己的分析作出产品抉择。由于自己也是个“普通妇女”，弗农觉得自己有非凡的能力感知“普通妇女”的购买动机，所以弗农的策略一直奏效。她感到自己的直觉能力成为她区别于其他人的重要因素。尽管在所有伟大创业革新者身上都能发现敏锐的直觉力，大多数人并没意识到自己的非凡能力，弗农却觉察到这一重要品格，使莉莲·弗农公司在竞争激烈的商界独树一帜。

弗农推销方法中别出心裁之处，是从她商品目录册中购买的任何产品，如果不能让顾客完全满意，她将在10年内将钱全部如数退还给顾客，值得注意的是，弗农商品目录册中销售的产品都是标有姓名的商品。上面印有直接生产厂家的名字，因此消除了产品转手倒卖的因素。这种别具一格的营销方法使公司跻身于《幸福》杂志500家公司之列，功效显而易见。弗农别出心裁的营销术，显示出她对自己的产品及决策具有充分信心，她的胆魄和信心明显得益于她与广大顾客的沟通，她把为顾客服务放在首位，这便是莉莲·弗农公司大获成功的原因。

1987 年莉莲·弗农公司发行股票，由此成为美国证券交易所中最大的一家由妇女创建的公司。1993 年公司销售额达 1.73 亿美元，使它在礼品目录册行业中独占鳌头。

闯出一片属于自己的天空

20 世纪 50 年代初期，有个叫丹尼尔的年轻人，从美国西部一个偏僻的山村来到纽约。走在繁华的都市街头，啃着干硬冰冷的面包，他发誓一定要闯出一片属于自己的天空。然而，对于没有进过大学校门的丹尼尔来说，要想在这座城市里找到一份称心如意的工作，简直比登天还难，几乎所有的公司都拒绝了他的求职请求。

就在他心灰意懒之时，有一天，他接到一家日用品公司让他前往面试的通知。他兴冲冲地前往面试，但是面对主考官有关各种商品的性能和如何使用的提问，他吞吞吐吐一句话也答不出来。说实话，摆在他眼前的许多东西他从未接触过，甚至连名字都叫不出来。

眼看唯一的机会就要消失，在转身退出主考官办公室的一刹那，丹尼尔有些不甘心地问："请问阁下，你们到底需要什么样的人才?"主考官彼特微笑着告诉他："这很简单，我们需要能把仓库里的商品销售出去的人。"

回到住处，回味着主考官的话，丹尼尔突然有了奇妙的想法：不管哪个地方招聘，其实都是在寻找能够帮自己解决实际问题的人。既然如此，何不主动出去，去寻找那些需要帮助的人？他想，总有一种帮助是他能够提供的。

不久，在当地一家报纸上，登出了一则颇为奇特的启事。文中有这样一段话："……谨以我本人人生信用作担保，如果你或者贵公司遇到难处，如果你需要得到帮助，而且我也正好有这样能力给予

帮助，我一定竭力提供最优质的服务……”让丹尼尔没有料到的是，这则并不起眼的启事登出后，他接到了许多来自不同地区的求助电话和信件。

原本只想找一份适合自己工作的丹尼尔，这时又有了更有趣的发现：老约翰为自己的花猫咪生下小猫照顾不过来而发愁，而凯茜却为自己的宝贝女儿吵着要猫咪找不到卖主而着急；北边的一所小学急需大量鲜奶，而东边的一处牧场却奶源过剩……诸如此类的事情，一一呈现在他面前。

丹尼尔将这些情况整理分类，一一记录下来，然后毫不保留地告诉那些需要帮助的人。而他，也在一家需要市场推广员的公司找到了适合自己的工作。不久，一些得到他帮助的人给他寄来了汇款，以表谢意。

据此，丹尼尔灵机一动，辞了职，注册了自己的信息公司，业务越做越大，他很快成为纽约最年轻的百万富翁之一。

成功没有固定的模式。幸运从来不主动光顾你，要靠自己去寻找、去争取。有时候，给别人帮助的同时，其实也为自己创造了最好的成功机会。

尝试为别人解决一个难题

在达瑞8岁的时候，有一天他想去看电影。因为没有钱，他想是向爸妈要钱，还是自己挣钱。最后他选择了后者。他自己调制了一种汽水，向过路的行人出售。那时正是寒冷的冬天，没有人买，但是，只有两个人例外——他的爸爸和妈妈。

他偶然有一个和非常成功的商人谈话的机会。当他对商人讲述了自己的“破产史”后，商人给了他两个重要的建议：一是尝试为别人解决一个难题；二是把精力集中在自己知道的、会的和所拥有的东西上。

这两个建议很关键。因为对于一个8岁的孩子而言，他不会做的事情很多。于是他穿过大街小巷，不停地思考：人们会有什么难题，他又如何利用这个机会?

一天，吃早饭时父亲让达瑞去取报纸。美国的送报员总是把报纸从花园篱笆的一个特制的管子里塞进来。假如你想穿着睡衣舒舒服服地吃早饭和看报纸，就必须离开温暖的房间，冒着寒风，到花园去取。虽然路很短，但十分麻烦。

当达瑞为父亲取报纸的时候，一个主意诞生了。当天他就按响邻居的门铃，对他们说，每个月只需付给他1美元，他就每天早上把报纸塞到他们的房门底下。大多数人都同意了，很快他有了70多个顾客。一个月后，当他拿到自己赚的钱时，觉得自己简直是飞上了天。

很快他又有了新的机会，他让他的顾客每天把垃圾袋放在门前，然后由他早上运到垃圾桶里，每个月加1美元。之后他还想出了许多孩子赚钱的办法，并把它们汇集成书，书名为《儿童挣钱的250个主意》。为此，达瑞12岁时就成了畅销书作家，15岁有了自己的谈话节目，17岁就拥有了几百万美元。

产品和服务是为顾客提供的，只有适销对路的产品和能够帮助顾客解决实际困难的服务才能畅销不衰，有广阔的前途和生命力。

运用他人的智慧和金钱来办自己的事情

毫无疑问，经营者要赚大钱，将生意转化为企业化，把自己由小商人变成企业家，就必须懂得巧妙地运用他人的智慧和金钱。“做商业？这是十分简单的事。它就是借用别人的资金!”小仲马在他的剧本《金钱问题》中是这样说的。

是的，做老板和商业就是这样的简单：借用资金来达到自己的目标。这是一条致富之路。富兰克林是这样做的，希尔顿是这样做的，恺撒也是这样做的。即使你很富裕，对于这样的机会，你也不应放过。

在生意场上，借钱也是资产的一种，故拥有借钱能力亦可说是经营者的一项重要才能。如果能将借钱的能力与运用资金的能力互相配合，必可由一文不名变成一个大富翁。当然，这种事情说起来容易，做起来却很难。

美国具有“商人之神”称谓的约翰·华那卡。他虽然出身于穷困家庭，缺乏良好的学校教育，但后来竟成为美国的百货巨子，甚至被列入名人传记中。他 14 岁就离开家到书店当学徒，历尽艰辛，然后一边从事成人推销工作，一边积累资金，独资经营一家店铺。而后，华那卡不断地构思发展新公司，最后他终于成功了，而且被尊为美国商业界的权威。

从丰富的实践经验中，他总结出生意成功的等式：

生意的成功 = 他人的头脑 + 他人的金钱

这个等式的意思是这样的：如果希望在商场上成功，就应该巧妙地运用他人的智慧和金钱以盈利。请特别留意，如华那卡那样成功的企业家，能自由使用上亿美元的个人资金，其设计的成功等式竟然也需借用他人力量，故而可见借用他人金钱的重要性。

美国第一旅游公司副董事长尤伯罗斯，在任第 23 届洛杉矶奥运会组委会主席时，为奥运会盈利 1.5 亿美元。他就是靠着非凡的“借术”而成功的。

奥运会，当今最热闹的体育盛会，却穷得叮当响。1972 年在联邦德国慕尼黑举行的第 20 届奥运会所欠下的债务，久久不能还清。1976 年加拿大蒙特利尔第 21 届奥运会，亏损 10 亿美元。1980 年在莫斯科举行的第22届奥运会耗资90多亿美元，亏损更是空前的。从1898年现代奥运会创始以来，奥运会几乎变成了一个沉重的包袱，谁背上它都会被它造成的巨大债务压得喘不过气来，在这种情况下，洛杉矶市却奇迹般地提出了申请，它声称将在不以任何名义征税的情况下举办奥运会。特别是尤伯罗斯任组委会主席后更是明确提出，不要政府提供任何财政资助，政府不掏一分钱的洛杉矶奥运会将是有史以来财政上最成功的一次。

没有资金怎么办？借。在美国这个商业高度发达的国家，许多企业都想利用奥运会这个机会来扩大本企业的知名度和产品销售，尤伯罗斯清楚地看到了奥运会本身所具有的价值，把握了一些大公司想通过赞助奥运会以提高自己知名度的心理，决定把私营企业赞助作为经费的重要来源。他亲自参加每一项赞助合同的谈判，并运用他卓越的推销才能，挑起同业之间的竞争来争取厂商赞助。对赞助者，他不因自己是受惠者而唯唯诺诺，反而对他们提出了很高的要求。比如，赞助者必须遵守组委会关于赞助的长期性和完整性的标准，赞助者不得在比赛场内、包括空中做商业广告，赞助的数量不得低于500万美元，本届奥运会正式赞助单位只接受30家，每个行业选择一家，赞助者可取得本届奥运会某项商品的专卖权。这些听起来很苛刻的条件反而使赞助具有了更大的诱惑性，各大公司只好拼命抬高自己赞助额的报价。仅仅这一个妙计，尤伯罗斯就筹集了3.85亿美元的巨款，是传统做法的几百倍。另外赞助费中数额最大的一笔交易是出售电视转播权。

尤伯罗斯巧妙地挑起美国三大电视网争夺独家播映权的办法，借他们竞争之机，将转播权以2.8亿美元的高价出售给了美国广播公司，从而获得了本届奥运会总收入1/3以上的经费。此外，他还以7 000万美元的价格把奥运会的广播权分别卖给了美国、欧洲各国和澳大利亚等国家。

庞大的奥运会所需服务人员的费用是一笔很大的开销，尤伯罗斯在市民中号召无偿服务，成功地“借”来三四万名志愿服务人员为奥运会服务，而代价只不过是一份廉价的快餐加几张免费门票。

奥运会开幕前，要从希腊的奥林匹亚村把火炬点燃，空运到纽约，再蜿蜒绕行美国的32个州和哥伦比亚特区，途经41个大城市和1 000个镇，全程1.5万公里，通过接力，最后传到洛杉矶，在开幕式上点燃火炬。以前的火炬传递都是由社会名人和杰出运动员独揽，并且火炬传递也只是为了吸引更多的人士参与奥运会，有的国家花了巨资也吃力不讨好，有的国家干脆用越野车拉着到全国转一圈就完了。尤伯罗斯看准了这点：以前只有名人才能拥有的这份权利、这份殊荣，一般人也都渴望得到。他就宣传：谁要想获得举奥运火炬跑1公里的资格，可交纳3 000美元。人们蜂拥着排队去交钱！是他们找不到地方花钱吗？不是。他们都认为这是一次难得的机会，因为在当地跑1公里，有众多的亲朋、同事、邻里观看，在鼓掌、在喝彩，这是一种巨大的荣誉。仅这一项又筹集了4 500万美元。

另外，在门票的售出方式上，打破以往奥运会当场售票的单一做法，提前一年将门票售出，由此获得丰厚的利息。由于尤伯罗斯成功的经营，奥运会总收入6.19亿美元，总支出为4.69亿美元，净盈利为1.5亿美元。收入结果公布后，一下子轰动了全世界。

借他人的“钱袋”、“脑袋”，发自己的小财，需要胆识，更需要技巧。犹太人的一句经商名言：“如果你有1元钱，却不能做成10元甚至100元的生意，你永远成不了真正的企业家。”所谓生意的成功，并不是只顾实行自己的构想，而是巧妙地运用他人的智慧和金钱，以创造另一番事业。而生意之所以失败，则是其中的经营者被成功冲昏了头脑，不知不觉地走向自我专制；凡事以个人构想为中心，要下属执行，漠视了其他人的意见，无形中把别人的智慧抹杀，倒退至一个人经营的局面。

在借用别人的“钱袋子”的时候，必须要有明确的目标，将赚回来的钱除去基本开支外，其余的放回生产线上。社会上最普遍的筹集他人资金以发展事业的机构是银行和保险公司。

如果有雄心在商业上大干一番事业，必须借用别人的资源；固守个人风格，只会受困于“自己”的圈子，永远写不出令人震惊的大手笔。

冒险越大，赚钱越多

要想做成任何一件事都有成功和失败两种可能。当失败的可能性大时，却偏要去做，那自然就成了冒险。问题是，许多事很难分清成败可能性的大小，那么这时候也是冒险。而商战的法则是冒险越大，赚钱越多。当机会来临时，不敢冒险的人，永远是平庸之人。有不少时候，犹太商人正是靠准确地把握这种“风险”之机而得以发迹。犹太大亨哈默在利比亚的一次冒险成功，就是一个很好的案例。

当时，利比亚的财政收入不高。在意大利占领期间，墨索里尼为了寻找石油，在这里大概花了1 000万美元，结果一无所获。埃索石油公司在花了几百万美元收效不大的费用之后，正准备撤退，却在最后一口井里打出油来。壳牌石油公司大约花了5 000万美元，但打出来的井都没有商业价值。西方石油公司到达利比亚的时候，正值利比亚政府准备进行第二轮出让租借地的谈判，出租的地区大部分都是原先一些大公司放弃了的利比亚租借地。根据利比亚法律，石油公司应尽快开发他们的租借地，如果开采不到石油，就必须把一部分租借地还给利比亚政府。第二轮谈判中就包括已经打出若干眼“干井”的土地，但也有许多块与产油区相邻的沙漠地。

来自9个国家的40多家公司参加了这次投标。参加投标的公司，有很多是“空架子”，他们希望拿到租借地后再转租。另一些公司，其中包括西方石油公司，虽财力不够雄厚，但至少具有经营石油工业的经验。利比亚政府允许一些规模较小的公司参加投标，因为它首先要避免的是遭受大石油公司和大财团的控制，其次再去考虑资金有限等问题。

哈默虽然充满信心，但前程未卜，尽管他和利比亚国王私人关系良好。但是，他不仅这方面经验不足，而且同那些一举手就可以推倒山的石油巨头们相比，竞争实力悬殊太大，真可谓小巫见大巫。然而决定成败的关键不仅仅取决于这些。

哈默的董事们都坐飞机赶来了，他们在4块租借地投了标。他们的投标方式非同一般，投标书用羊皮证件的形式，卷成一卷后用代表利比亚国旗颜色的红、绿、黑三色缎带扎起来。在投标书的正文中，哈默加了一条：他愿意从尚未扣税的毛利中拿出一部分钱供利比亚发展农业用。此外，还允诺在国王和王后的诞生地库夫拉附近的沙漠绿洲中寻找水源。另外，他还将进行一项可行性研究，一旦在利比亚找出水源，他们将同利比亚政府联合兴建一座制氨厂。

最后，哈默终于得到了两块租借地，使那些强大的对手大吃一惊。这两块租借地都是其他公司耗巨资后一无所获而放弃的。

这两块租借地不久就成了哈默烦恼的源泉。他钻出的头3口井都是滴油不见的干井，仅打井费就花了近300万美元，另外还有200万美元用于地震探测和向利比亚政府的官员交纳的不可告人的费用。于是，董事会里有许多人开始把这项雄心勃勃的计划叫做“哈默的蠢事”，甚至连哈默的知己、公司的第二股东里德也失去了信心。

但是哈默的直觉促使他固执己见。在和股东之间发生意见分歧的几周里，第一口油井出油了，此后另外8口井也出油了。这下公司的人可乐坏了，这块油田的日产量是10万桶，而且是异乎寻常的高级原油。更重要的是，油田位于苏伊士运河以西，运输非常方便。与此同时，哈默在另一块租借地上，采用了最先进的探测法，钻出了一口日产7.3万桶自动喷油的油井，这是利比亚最大的一口油井。接着，哈默又投资1.5亿美元修建了一条日输油量100万桶的输油管道。而当时西方石油公司的资产净值只有4 800万美元，足见哈默的胆识与魄力。之后，哈默又大胆吞并了好几家大公司，等到利比亚实行“国有化”的时候，他已羽翼丰满了。这样，西方石油公司一跃而成为世界石油行业的第八位了。

哈默事业的一系列成功，完全归功于他的胆识和魄力，他不愧为一个犹太大冒险家。

1921年的苏联，经历了内战与灾荒，急需救援物资，特别是粮食。哈默本来可以拿着听诊器，坐在清洁的医院里，不愁吃穿安稳地度过一生。

但他厌恶这种生活。在他眼里，似乎那些未被人们认识的地方，正是值得自己去冒险、去大干一番事业的战场。他做出了一般人认为是发了疯的抉择，踏上了被西方描绘成地狱似的可怕的苏联。当时，苏联被内战、外国军事干涉和封锁弄得经济萧条，人民生活十分困难；霍乱、伤寒等传染病和饥荒严重地威胁着人们的生命。列宁领导的苏维埃政权采取了重大的决策——新经济政策，鼓励吸引外资，重建苏联经济。但很多西方人士对苏联充满偏见和仇视，把苏维埃政权看做可怕的怪物。到苏联经商、投资办企业，被称做“到月球去探险”。

哈默心里当然也知道这一点，但风险大，利润必然也大，值得去冒险。于是哈默在饱尝大西洋航行中晕船之苦和英国秘密警察纠缠的烦恼之后，终于乘火车进入了苏联。沿途景象惨不忍睹：霍乱、伤寒等传染病流行，城市和乡村到处有无人收殓的尸体，专吃腐尸烂肉的飞禽在人的头顶上盘旋。哈默痛苦地闭上眼睛，但商人精明的头脑告诉他：被灾荒困扰着的苏联目前最急需的是粮食。他又想到这时的美国粮食大丰收，价格早已惨跌到每蒲式耳1美元。农民宁肯把粮食烧掉，也不愿以这样的低价送到市场出售。而苏联这里有的是美国需要的、可以交换粮食的毛皮、白金、绿宝石。如果让双方能够交换，岂不两全其美？从一次苏维埃紧急会议上哈默获悉苏联需要大约100万蒲式耳的小麦才能使乌拉尔山区的饥民度过灾荒。机不可失，哈默立刻向苏联官员建议，从美国运来粮食换取苏联的货物。双方很快达成协议，初战告捷。

没隔多久，哈默成了第一个在苏联经营租让企业的美国人。此后，列宁给了他更大的特权，让他负责苏联对美贸易的代理商，哈默成为美国福特汽车公司、美国橡胶公司、艾利斯—查尔斯机械设备公司等30多家公司在苏联的总代表。生意越做越大，他的收益也越来越多。他存在莫斯科银行里的卢布数额惊人。

第一次冒险使哈默尝到了巨大的甜头。于是，“只要值得，不惜血本也要冒险”，成了哈默做生意的最大特色。

高风险，意味着高回报。只有敢于冒险的人，才会赢得人生辉煌；凭着过人的胆识，抱着乐观从容的风险意识知难而进、逆流而上的人，往往会赢得出人意料的成功。

16岁的总经理

一说起“参孙办公”，人们都会想到商用公事包和皮箱。这个“参孙办公”的创始者史韦达也是犹太人。他是在1900年年初跟随父亲从东欧移居到美国的。最初，他的父亲在纽约开了一家杂货店，但是经营得很不好。于是，他又搬到芝加哥从事别的买卖，但又失败了。他的父亲因为借了很多钱，已经没法回头了，就全国各地跑。最后，他在科罗拉多州的迪邦市开了一家蔬菜店，还是没有赚到什么钱。看样子，他还要重新尝试。史韦达看到因日夜奔波而面容憔悴的父亲，就说："让我来经营吧。"

当时，迪邦是有名的疗养胜地，每年客人都络绎不绝。在蔬菜店的门口就能看到客人们拎着手提箱从停车场出来，走向疗养地。如果再仔细看，多半回来的客人的手提箱都坏了，只由一根拎带绑着。他观察到这一点，就把父亲的蔬菜店改成了皮包店。真是近水楼台先得月，这个店因为临近停车场而卖了很多皮包。

最初，进行供货的是纽约的皮包制造商。很快地，他们就争相向史韦达的店供货。仅仅两年的时间里，史韦达店的皮包销量就在全美首屈一指，店铺的规模也变得越来越大。如果去看史韦达的总店，就会发现它只是一个盖在农村的平房，但里面有纽约最新潮的和由名家设计的皮包。就这样，他的店越来越有名。

在这期间，大生产商都会找时间和史韦达见面，对他表示感谢之情。有一次，他们决定在纽约宴请史韦达。在史韦达到达的那一天，各个公司的代表或总经理都到纽约铁路终点站来接站，那景象好像纽约经济团体的大聚会。但当大家看到从列车上下来的史韦达，都吃了一惊。这位史韦达商会的总经理竟然是一位16岁的少年！

再以后，史韦达决定自己制造皮包。他致力于制造即使遭受碰撞也不易破损的坚固皮包。他把自己制造的皮包称做"参孙"。为什么呢？他在小时候，一直被一个《圣经》故事感动着，主人公就是一个具有超凡能力的英雄，名字叫"参孙"。他一直不能忘怀这个名字，所以就用它给自己的产品命名，以此来纪念自己儿时的梦。在他的店前驻足的客人们都非常挑剔，正是这个，成了催生"参孙"这个品牌的契机。

作为商人，要能够正视和把握现实，并对现实进行合理的判断，既不能盲目行事，又不能优柔寡断。

信息一刻也不能中断

密歇尔·福里布尔是个在比利时出生的犹太人，他经营着当今世界最大的两家谷物公司之一——大陆谷物总公司。他的公司在伦敦、纽约、巴黎、芝加哥、拉巴达、苏黎世、香港、悉尼、渥太华、汉堡、布宜诺艾利斯等世界几十个城市都有分公司，每个分公司都有他的豪华住宅。虽然他的总公司设在纽约，但他经常住在他各国的别墅里。据有关资料显示，他的公司每年总收入超过25亿美元，他个人的资产近10亿美元，是个世界级大富豪。

福里布尔的公司是以经营谷物为主的，他的发迹经过可追溯到20世纪初。他的五代前老祖父西蒙·福里布尔是一位小商人，曾在比利时南部的一个小镇开过一间很小的谷物买卖商行。经过四代人的相传经营，这小商行业务量有所扩大，但生意仍停留在比利时，顶多算得上是个中小型商行。

福里布尔29岁那年，即1944年，他的父亲去世了，他继承家业，当了该商行的老板。

福里布尔是充满犹太人意识的经营者，他接任父辈产业后，采取了与前辈不同的经营方式，运用了现代经营策略，把公司的业务迅速扩展到世界各地。他知道，谷物这个产品是面向全球的，只有拓展全球市场，才能不断扩大业务。据此，他先在欧洲各国建立起他的分公司，待实力增强后，又向世界最大的市场——美国进军，最后甚至把公司的总部设在美国纽约。到20世纪80年代初，他的分公司已在五大洲各主要城市建立起来，总共100多家，成为一个名副其实的跨国大公司。

大陆谷物总公司能够在30多年时间迅速发展壮大，除了福里布尔有一套高超的经营艺术外，还与他高度重视信息有密切关系。自从开始跨国经营后，他就把信息当做企业的生命线。在20世纪50年代，通信主要靠电报、电话，而当时这两方面的成本十分昂贵，福里布尔却不惜代价。为了及时掌握各地谷物生产、供应和消费的信息，所有分公司都普遍应用电报、电话与总公司时刻保持联系。以后有了电传和传真机后，他又率先购置这种最新的现代设备。这些沟通信息的通道都与他分布在世界各地的住宅接通，他住在任何一个住宅，都时刻可与各地分公司取得直接的联系，信息一刻也不会中断。

福里布尔还聘雇了大批懂技术的专业人才，分布在各地分公司及住宅，随时为他收集、分析来自世界各地的信息情报。他根据各地的不同信息情报作出决策，及时通过先进的信息传导设备，给相关的分公司发出指令，使其每笔买卖都能够恰到时机，不会因错失良机而导致经营失利。据统计，他的总公司每天收到来自他的分公司及情报代理人发来的电报、传真、电传、电话近万次，由一个专门的信息情报部进行分类、处理、分析、归纳，去粗取精，去伪存真，最后浓缩进电脑，供福里布尔及总公司决策高层人员时刻参考。

福里布尔的公司不仅配备齐全现代先进通信设备，而且还有一手“绝技”。他以高薪聘请由各国情报局退休的人员在其信息情报部工作，他们中包括美国中央情报局的退休人员。这些人员既有信息专业知识和才干，又有不少“余热”，十分了解当地的情况。这些人员提供的信息或了解到的情报，对福里布尔决策很有参考价值。如某国某地区发生灾害，此信息到了福里布尔那里后，他即会指令他的相关分公司尽快从获得粮食丰收的国家或地区组织货源，然后向受灾的地区出售，从中赚取较高利润。又如1973年6月，福里布尔的信息情报人员猎取到苏联主席勃列日涅夫将要访问美国的情报后，就先人一步飞往地中海岸，与苏联的谷物进口局长在地中海一艘船里洽谈买卖，最后达成一宗数百万吨粮食的交易，从中获得可观赢

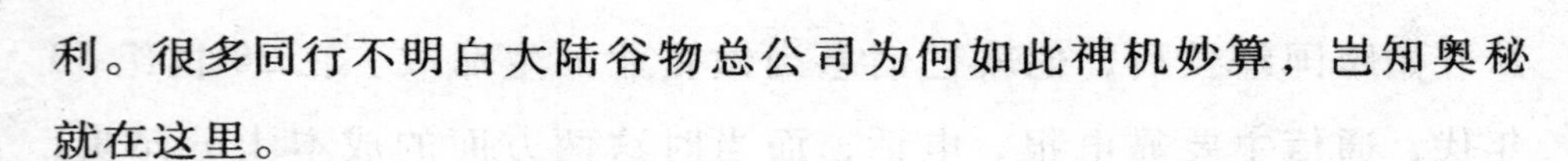

利。很多同行不明白大陆谷物总公司为何如此神机妙算，岂知奥秘就在这里。

福里布尔靠大量而准确的信息，使其谷物生意兴旺发达。他在各地的公司经常储存着几十万吨乃至几百万吨粮食，随时根据信息情报情况，把它们运到有殷切需求的市场去，使他每笔交易都赢得较好收益。为了及时将谷物运到目标市场，各公司都配有强有力的运输队伍。如在美国的公司，配有400多辆运输汽车和25艘专用运输船，时刻枕戈待旦，应运输之急。

福里布尔的发迹，是从谷物生意开始的。现在，他已跳出单一经营范围，开展家禽蛋类、冷冻食品、动物饲料、粮食加工品、皮革生产等多元经营，甚至向金融业、证券业进军。不管哪一行，他都善于运用信息而获得成功。如他从信息情报中了解到美国海外轮船公司要出让一部分股权，经过对信息的分析后，觉得该公司有发展前途，他果断地购入14.3%的股权，不到一年就获得股权利润2 000多万美元。

信息是一种软资源，谁拥有了它，谁就掌握了主动权。经营者要获得商业信息的时候，就要注重从各方面努力，广泛获得信息。

女人才是真正的消费主体

在伦敦，有一个叫埃默德的人开了一家百货商店。这家商店的地理位置相当好，每天来往的人也很多，可是埃默德的生意却一直不好。开业两三年了，店里总是冷冷清清的。看着来来往往的行人，埃默德十分郁闷。经过长时间的观察，埃默德发现了这样一个规律：在平时光顾店里的人中女性居多，差不多占到80%，偶尔有男人来商店，也大多是陪妻子购物，很少单独买东西。他越想越觉得自己的经营方向有问题。想起以前看到的犹太人喜欢做女人的生意这一法则，不禁自责起来：女人才是真正的消费主体，自己却把目光瞄在不赚钱的生意上，这样不是偏离赚钱越来越远了吗？埃默德于是果断地决定将自己百货商店的营业对象限定在女性身上。

埃默德把所有的营业面积都用上，全部摆上女性的用品。不过，精明的埃默德这次想出了高招：把正常的营业时间一分为二，白天他摆设家庭主妇感兴趣的衣料、内裤、实用衣着、手工艺品、厨房用品等实用类商品；晚上则改变成一家时髦用品商店，将朝气蓬勃的气息带到商店，以便迎合那些年轻的女性。这样，最有消费实力的女人被他的经营方针给覆盖了。

尤其是针对年轻时髦的女孩子们，埃默德可以说是费尽了心机，光是女孩子们喜欢的袜子就陈列许多种，内衣、迷你裙、迷你用品、香水等都选年轻人喜欢的款式和品种进货。凡是年轻女性喜欢的、需要的，能够引起她们购买欲望的商品，他都尽量满足，并把它们摆在柜台显眼的位置上。他甚至对别人自吹，“在这里，年轻女孩子喜欢的东西，我是应有尽有啦”。

最绝的是，他从美国进口了最流行的样式，并且进行了巧妙的宣传：“本店有世界最风行的新款女士内衣，包您穿了青春靓丽。”没过多久，埃默德商店有世界上最流行的内衣的消息不胫而走，许多女性真的如风一般地赶来，争相购买。人们不解，纷纷求教其中奥妙，埃默德大笑说：“其实，我只是让这些内衣更加性感而已！”

埃默德的商店成了女性常来光顾的地方，不久，其分销店就已经达到100多家，狠狠地赚了女人一大笔钱。

这个世界上大多数是男人赚钱，女人用男人赚的钱养家。钱虽然是男人赚的，但开销权却掌握在女人手里。所以，如果想赚钱，就必须先赚取女人手里的钱。

任何东西都可变成商品

在犹太人眼里，“一切都是商品，一切都可用来赚钱”，连国籍都不例外。商人罗恩斯坦就是一个典型的靠国籍发财致富的人。

罗恩斯坦的国籍是列支敦士登，但他并非生来就是列支敦士登的国民，他的列支敦士登国籍是用钱买来的。他为什么要买此国籍呢？

列支敦士登是处于奥地利和瑞士交界处的一个极小的国家，人口只有两万人，面积只有157平方公里。但这个小国与别国相比，有个与众不同的特点，就是税金特别低。这一特征对外国商人有极大的吸引力，引起各国商人们的注意。为了赚钱，该国出售国籍，定价7 000万元，获取该国国籍后，无论有多少收入，只要每年缴纳10万元税款就可以了（不分贫富）。

因而，列支敦士登便成为世界各国有钱人向往的理想国家，他们极想购买该国的国籍，然而，一个小国容纳不下太多的人，所以想买到该国国籍也并不容易。

但是，这难不倒机灵的犹太商人。罗恩斯坦就是购买到列支敦士登国籍的犹太商人之一。他把总公司设在列支敦士登，办公地点却设在纽约。在美国赚钱，却不用缴纳美国的各种名目繁杂的税款，只要一年向列支敦士登缴纳10万元就足够了。他是个合法逃税者，减少了税金，获取了更大利润。

罗恩斯坦经营的是“收据公司”，靠收据的买卖，可赚取10%的利润。在他的办公室里，只有他和他的女打字员两人，打字员每天的工作是打好发给世界各地服饰用具厂商的申请书和收据，他的公司实质上是斯瓦罗斯基公司的代销公司，他本人也可以说是一个代销商。提及斯瓦罗斯基公司，便想起罗恩斯坦致富的本钱——美国国籍，下面是罗恩斯坦的一段故事：

达尼尔·斯瓦罗斯基家是奥国的名门，他们的公司世世代代都生产玻璃制仿钻石的服饰用品。精明的罗恩斯坦最初便看准了这家公司。只是时机未到，他只好静静地耐心等候。

第二次世界大战后，斯瓦罗斯基公司因在二战期间迫于德军的威力而不得不为其制造望远镜，故法军决定将其接收，当时是美国人的罗恩斯坦，悉知情况后，立即与达尼尔·斯瓦罗斯基家进行交涉：

“我可以和法军交涉，不接收你的公司，交涉成功后，请将贵公司的代销权让给我，直到我死为止，阁下意见如何？”

斯瓦罗斯基家，对于罗恩斯坦如此精明的条件十分反感，大发雷霆。但经冷静考虑后，为了自身的利益，只好委曲求全，为保住公司的巨大利益而全部接受了他的条件。

对法国军方，罗恩斯坦充分利用美国是个强国的威力，震住了法军。在斯瓦罗斯基接受了他的条件后，他马上前往法军司令部，郑重提出申请：

“我是美国人罗恩斯坦，从今天起斯瓦罗斯基的公司，已变成我的财产，请法军不要予以接收。”

法军哑然，因为罗恩斯坦已经是斯瓦罗斯基公司的主人了，因此公司的财产属于美国人。法军无可奈何，不得不接受罗恩斯坦的申请，放弃了接收的念头。美国人的公司法国是不敢接收的，因为他们惹不起美国。

此后，罗恩斯坦未花一分钱，便设立了斯瓦罗斯基公司的“代销公司”，大把地赚取钞票。真可谓是不沾手便能赚大钱的干将。

罗恩斯坦的致富，是国籍帮了他的大忙，以美国国籍作为发家的本钱，再靠列支敦士登的国籍逃避大量税收，从而赚取尽可能多的钞票。

《塔木德》上说："任何东西到了商人手里，都会变成商品"。"有心遍地财，处处是生意。"只要细心观察，巧妙经营，生意是找得到的，钱财是挣得到的。

专注于一，大胆改革

奥克斯出生在一个犹太移民家庭，生于1858年。由于家庭生活艰苦，没有机会进入正规学校读书，少年时仅在夜校读过几年书。12岁开始在药店和杂货店当童工，14岁时到《洛斯威利记事报》当杂工，16岁时当排字工人，后又转到一家地方小报当排字领班及记者。17岁时进入《洛斯威利论坛报》当排字领班。

奥克斯是位勤奋好学的青年，专注精神十分强烈，就是这种精神，使他的事业获取了较大成功。

凡是有专注精神的人，必定干一行爱一行，把专注之事视为快乐，忘掉了困难和苦涩，如爱迪生为了发明电灯，失败了5万次也不灰心和动摇，最终获得了成功。所以说：专注是一步步走向成功的阶梯。

奥克斯在19岁时，萌发了与人合作办报的念头，于是与一位叫保罗和一位叫麦哥云的人合作，办了一份《漆坦隆加快报》，结果只经营了几个月就倒闭了。

合伙办的报纸失败了，奥克斯却没有灰心，他反复思考后，决定利用报社的残存机器和纸张发挥作用，编印一本《工商指南》，相信从中可赚到一些钱。根据其思路，他走访了许多工商界人士，记录了他们的地址、企业名称及经营目录、电话等，然后自己亲自排字及开机印刷，装订成书，向工商界出售。《工商指南》实质是一本广告，在当时还很罕见，对工商界开展业务十分有利，因此非常畅销，使他赚了一笔钱。他顺着这路子，编印了一些小册子及承印一些宣传目录，获得了不少收入。

1878年，奥克斯20岁了，他的专注精神使他又迈进了一大步，他决心自己独立办报。此时正好有一家《漆坦隆加时报》因经营不善而将告倒闭，它正在廉价寻求买主，奥克斯以500美元买下了。

奥克斯接办了该报后，进行版面及内容的改革，集中多报道社会大众关心的问题。同时，他对报社内部进行改组，精简了1/3人员。他自己既当总经理，又兼当排字领班；结果，不到两年，发行量大大增加，获利不少。到1892年，《漆坦隆加时报》成为当地最有名气的报纸。奥克斯积累增多，他投资15万美元盖起报社大厦。在19世纪末的15万美元价值不少，因此该大厦十分豪华，对这份报纸的信誉十分有利。

奥克斯的专注精神使他雄心勃勃，他不满足于《漆坦隆加时报》的成就，决心向全国性报纸进军。1896年，他发现米勒接手后的《纽约时报》面临危机，他乘机插手，把它接了过来。

奥克斯接管了《纽约时报》后，大胆进行了改革。他与银行取得了共识，对该报发行股份1万股，每股100美元，以2 000股换回股东全部股份，另发行债券40万美元，以30万美元还债，其余当做周转金。这样，奥克斯实际上没有注入多少钱，通过扩股和发行债券的方法，使他掌握了《纽约时报》。1896年8月13日，时报改组成功，奥克斯就成为该报董事局主席了。

奥克斯紧跟着对《纽约时报》的编排也进行了改革，增加了金融新闻。此时正是纽约市经济起飞之时，城市人口增长很快，这为《纽约时报》的销售提供了有利时机。奥克斯是排字工人出身，他在多年的排字生涯中积累了丰富的经验，在改革《纽约时报》中，他针对各竞争对手的报纸情况，精心编印《纽约时报》，显示出与众不同的面貌，令人耳目一新。同时，他每到周末时又增刊“周末书评”，使得各出版界纷纷在其报纸刊登广告。更重要的一招，是把零

售价从每份3美分降价至每份1美分。这样虽然减少了发行的收入，但报纸销售量大大增加了，而厂商们看到《纽约时报》发行量大，大家纷纷在该报登广告。这样，《纽约时报》的收入反而增加了。

奥克斯刚接管《纽约时报》时，其发行量只有9 000份，到1900年时，发行量已超过10万份，奥克斯的收入迅速增多。1904年，奥克斯斥资250万美元兴建“纽约时报”大厦，高为22层，在当时是少有的高楼大厦。

1928年奥克斯70岁时，他仍精力充沛地主持着这份报纸，当时另办的一份《星期日时报》也发行40多万份，他靠这两份报纸的经营，每年盈利近3 000万美元，当时他已是美国的著名富豪了。

成功的事业依赖的是执著的追求和埋头苦干的精神；但是，在必要的时候，也要懂得变通，大胆创新。

挣钱的时候只想着这是唯一的一次

孩子问亿万富翁：“你是怎么成为亿万富翁的?”

“1元钱1元钱地挣呗，当你重复1亿次时就自然而然成为亿万富翁了。”

“挣1元钱并不难，可是怎么样坚持1亿次呢?”孩子又问。

“可以不去想1亿次，想得太多反而给你背上心理包袱，让你觉得挣1元钱也是那样遥不可及。你挣钱的时候只想着这是唯一的1次，既然是唯一的1次，你就一定要把它挣来。挣来这1元钱之后，再去挣下1元钱。如此反复，时间一长，你会发现，自己拥有的财富是许多个‘1元’，你会从自己过去的成绩中得到信心，那时候你的财富就不是1元1元地增加，而是1万元1万元地增加，甚至是百万元百万元地增加。”富翁接着说道。

世界上所有的伟大事业，都是由一系列微不足道的小事积累而成的。做成一件事不难，难的是坚持不懈，通过成就一件件小事走向辉煌。

为雪茄投保的火险

有一名律师买了一盒极为稀有且昂贵的雪茄，还为雪茄投保了火险。结果他在一个月内把这些顶级雪茄抽完了，保险费一美分也没交，却提出要保险公司赔偿的要求。

在申诉中，律师说雪茄在“一连串的小火”中受损。保险公司当然不愿意赔偿，理由是：此人是以正常方式抽完雪茄的。结果律师告上法院还赢了这场官司。法官在判决时表示，他同意保险公司的说法，认为此项申诉非常荒谬，但是该律师手上的确有保险公司同意承保的保单，证明保险公司保证赔偿任何火险，且保单中没有明确指出何类“火”不在保险范围内。因此，保险公司必须赔偿。与其忍受漫长昂贵的上诉过程，保险公司决定接受这项判决，并且赔偿1.5万美元的雪茄“火险”。

以下才是最精彩的地方：

律师将支票兑现之后，保险公司马上报警将他逮捕，罪名是涉嫌24起“纵火案”！有他自己先前的申诉和证词，这名律师立即以“蓄意烧毁已投保之财产”的罪名被定罪，要入狱服刑24个月，并罚款2.4万美元。

赚钱的确需要灵活的思路。但是，赚钱时要走正道，千万不要不择手段，误入歧途。

第十节 与书为伴

书如同人，可成为伴侣；读其书，如同观其人。无论以书为友还是以人为伴，每个人都应有自己的知己。一本好书可以成为我们最好的朋友。昨天如此，今天亦如此，这一点亘古不变。书是我们最有耐心和最使人愉悦的朋友。无论是身处逆境，还是遭遇苦难，它都不会背弃我们。它总是怀着善意接纳我们，年轻时，它给予我们快乐并指引我们；年老时，它给予我们心灵的慰藉并鼓励我们。

因为对一本书的热爱，我们发现彼此之间的亲密无间。书是更为真实和高雅的联系纽带。人们通过自己最喜爱的作者，交流思想，产生心灵的共鸣。他们与作者同在，作者也与他们同在。一本好书通常是记载生命的历程，它蕴藏着思想的瑰宝。因此，最好的书是词汇之佳句，思想之瑰宝，最值得去怀念，去珍藏，是我们永远的伴侣和慰藉者。书是永恒不朽的。它是迄今为止人类不懈奋斗的结晶。庙宇和雕像可以被毁，而书的内容却可永存。无论何时，那些伟大的思想，都永远鲜活，如同首次浮上作者的心头。当时的言谈思想，透过书页反映出来，而这一切就如同发生在我们的眼前。劣质的东西将被淘汰，这是时间的唯一功能，因为只有真正优秀的东西，才能在文学中永存。书指引我们迈入各个领域，它把我们带到历史上所有伟人面前。通过阅读，我们倾听他们的言语和看到他们的举止，如同看见一个个鲜活的生命。我们与他们产生共鸣，与他们同快乐，与他们同悲伤；我们体会他们曾经所经历的一切。我们如同演员一样在书描绘的舞台上演戏。书开阔了我们的眼界，丰富了我们的知识，带领我们走向未知世界。

在通向成为理财高手的路上，书对我们的作用也是至关重要的。下面我们来推荐一些成功人士也同样喜欢的书。

《世界是平的》

《世界是平的》是托马斯·弗里德曼用了四年时间写成的一本重点论述“全球化”的专著。此书的论点是：全球化不只是一种现象，也不只是一种短暂的趋势。它是一种取代冷战体系的国际体系。全球化是资本、技术和信息超越国界的结合，这种结合创造了一个单一的全球市场，在某种程度上也可以说是一个全球村。

弗里德曼在书里用生动的故事、已有的术语和概念，描绘了全球化这种体系。他突出了“凌志汽车”和“橄榄树”的冲突——全球化体系和文化、地理、传统以及社会的古老力量之间的紧张状态。他还详尽地叙说了全球化在那些感觉到全球化残酷性的人群中所产生的强烈反作用。他清楚地说明了应该如何才能保证这一体系的平衡。

《长尾理论》

《华尔街日报》、《纽约时报》畅销书排行榜前三甲；Google 首席执行官埃里克·施米特、雅虎创办人之一杨致远、雅虎首席执行官特里·塞梅尔推荐被《GQ》杂志称为“2006 最重要的创见”；被美国《商业周刊》评为“Best Idea of 2005（编者注：2005 年最好的想法）”；至今已被售出 13 种语言版权。

书中阐述，商业和文化的未来不在于传统需求曲线上那个代表“畅销商品”的头部；而是那条代表“冷门商品”经常为人遗忘的

长尾。举例来说，一家大型书店通常可摆放10万本书，但亚马逊网络书店的图书销售额中，有四分之一来自排名10万以后的书籍。这些“冷门”书籍的销售比例正以高速成长，预估未来可占整体书市的一半。

这意味着消费者在面对无限的选择时，真正想要的东西和想要取得的渠道都出现了重大的变化，一套崭新的商业模式也跟着崛起。

《蓝海战略》

W. 钱·金是欧洲工商管理学院（INSEAD）波士顿咨询集团布鲁斯·D. 亨德森战略和国际管理教席教授。在加入欧洲工商管理学院之前，他曾是密歇根大学商学院的教授。他也是欧洲、美洲和亚洲一些跨国公司的董事会成员或顾问。他还是达沃斯世界经济论坛的会员和欧盟的顾问成员。勒妮·莫博涅是欧洲工商管理学院的杰出学者，战略和管理学教授。她也是世界经济论坛的会员。金和莫博涅作为合作伙伴，在《管理学会期刊》、《管理科学》、《组织科学》、《战略管理期刊》、《行政管理学季刊》、《国际商业研究期刊》、《哈佛商业评论》等专业期刊上共同发表了为数众多的有关战略和跨国公司管理的文章。他们在《哈佛商业评论》上发表的文章成为全球畅销文章，先后重印了50万份。他们还为《金融时报》、《华尔街日报》、《华尔街日报欧洲版》、《亚洲华尔街日报》、《纽约时报》、《南华早报》等报纸撰写文章。他们曾获得由国际商业学会和埃尔德里奇·海恩斯纪念基金颁发的埃尔德里奇·海恩斯奖，以表彰他们在国际商业领域的最佳原创性论文。金教授和莫博涅教授都是价值创新网络的缔造者，这个网络是由价值创新系列感念的实践者组成的全球社团。他们也是设在新加坡的价值创新行动库的董事会成员。

企业为了寻求持久的、获利性的增长，往往与其对手针锋相对地竞争。它们为竞争优势而战，为市场份额而战，为实现差异化而战。然而在目前过度拥挤的产业市场中，硬碰硬的竞争只能令企业陷入血腥的“红海”，即在竞争激烈的已知市场空间中，并与对手争抢日益缩减的利润额。在这本书中，作者对你所熟知的一切战略成功的定律提出挑战。他们认为，流连于“红海”的竞争之中，将越来越难以创造未来的获利性增长。

作者基于对跨度达100多年、涉及30多个产业的150个战略行动的研究，提出：要赢得明天，企业不能靠与对手竞争，而是要开创“蓝海”，即蕴涵庞大需求的新市场空间，以走上增长之路。这种被称为“价值创新”的战略行动能够为企业和买方都创造价值的飞跃，使企业彻底甩脱竞争对手，并将新的需求释放出来。

《蓝海战略》为企业甩脱竞争对手提供了一套系统性的方法。在这本颠覆传统战略思维的著作中，作者展示了一套经过实践证明的分析框架和工具，供企业成功地开创和夺取蓝海。通过对各种产业中为数众多的战略行动的分析，作者还提出了成功制定和执行蓝海战略的六项原则。这些原则告诉企业，该如何重建市场边界、注重全局、超越现有需求、遵循合理的战略顺序、克服组织障碍并把战略的执行建成战略的一部分。

《中国商人最容易犯的一百个错误》

毋庸置疑，中国的商人们有得天独厚的优势：政府的支持、资源的丰富、劳动力的低廉、巨大的市场等，然而，他们在经营中却存在着明显的缺憾，存在着长期为人们忽略的错误！进一步说，对商人而言，企业的规则、资本的运作、企业的经营、管理、销售和产品的市场定位等方面，都严重欠缺理论的指导和经验的积累。

《孙子兵法》

《孙子兵法》又称《孙武兵法》、《吴孙子兵法》、《孙子兵书》、《孙武兵书》等，是中国古典军事文化遗产中的璀璨瑰宝，是中国优秀文化传统的重要组成部分。其内容博大精深，思想深邃，逻辑缜密严谨。作者为春秋末年的齐国人孙武（字长卿）。一般认为，《孙子兵法》成书于公元前515至前512年。全书分为十三篇，是孙武初次见面赠送给吴王的见面礼，事见司马迁《史记》："孙子武者，齐人也，以兵法见吴王阖闾。阖闾曰：子之十三篇吾尽观之矣。"有用兵如《孙子》，策谋《三十六》的说法。

《孙子兵法》成书于春秋末期，是我国古代流传下来的最早、最完整、最著名的军事著作，在中国军事史上占有重要的地位，其军事思想对中国历代军事家、政治家、思想家产生非常深远的影响，其已被译成日、英、法、德、俄等十几种文字，在世界各地广为流传，享有"兵学圣典"的美誉。

《杜拉克论管理》

《杜拉克论管理》汇集了杜拉克最重要的一批论文，其中半数曾获管理学论文最高奖——麦金锡奖，堪称管理者的无价之宝。本书所选13篇论文均是从杜拉克在《哈佛商业评论》发表的30多篇论文中精选出来的。

《杰克·韦尔奇自传》

《杰克·韦尔奇自传》一书的稿酬高达700万美元，被全球翘首以待的经理人奉为“CEO的圣经”。韦尔奇以其视野和勇气早已成为全世界企业家和经理的榜样，享有“全球第一CEO”的美誉。人们可能不知道美国总统，但不能不知道这位功勋卓著的CEO，他享受着与美国总统一样的尊荣和礼遇。韦尔奇在本书中首次透露管理秘诀：他在短短20年间将通用电气从世界第10位提升到第2位，市场资本增长30多倍，达到4 500亿美元。他的成长岁月、成功经历及经营理念也将和盘托出。本书将成为世界上所有梦想成功人士的必读书。沃特·迪士尼公司董事长兼CEO迈克尔·埃斯特如此评价杰克·韦尔奇：“杰克不仅仅是一个商业巨子，还是一个有心灵、有灵魂、有头脑的巨人。”索尼公司董事长兼CEO这样评价：“杰克·韦尔奇终于透露了他的管理秘诀……”《杰克·韦尔奇自传》是韦尔奇退休前的最后一个大动作。

《高效能人士的七个习惯》

《高效能人士的七个习惯》一书全球销量超亿册，是美国公司员工、美国政府机关公务员、美国军队官兵的装备书。

企业领导人都知道：只有每一位员工都成为高效能人士，企业才会真正成为高效率企业。这本书几乎覆盖所有美国成年人，它是美国成年人中最具影响力的书。

一个强大的美国是由每一位高效能的美国人决定的，不能不说与这本书有重要的关系。作者史蒂芬·柯维是哈佛大学企业管理硕士，杨百翰大学博士。他是柯维领导中心的创始人，也是富兰克林柯维公司的联合主席，曾协助众多企业、教育单位与政府机关培训领导人才。柯维博士曾被《时代》杂志誉为“人类潜能的导师”，并入选为全美25位最有影响力的人物之一。在领导理论，家庭与人际关系，个人管理等领域久负盛名。本书自出书以来，高居美国畅

销书排行榜长达7年，在全球70个国家以28种语言发行共超过1亿册。富兰克林柯维公司是为组织和个人提供培训和管理咨询的世界顶级公司，与财富500强中80%以上的公司和成千上万个中小型企业以及政府职能部门都有建设性的合作关系。富兰克林柯维公司的服务与产品遍布全球，在全球38个国家设有44个分支机构。

《沃伦·巴菲特之路》

《沃伦·巴菲特之路》是《纽约时报》最佳畅销书，彼得·林奇作序并力荐。书中讲述了股神沃伦·巴菲特的投资传奇，从100美元到420亿美元！巴菲特似乎从不试图通过股票赚钱，他认为："假设次日关闭股市或在五年之内不重新开放。在价值投资理论看来，一旦看到市场波动而认为有利可图，投资就变成了投机，没有什么比赌博心态更影响投资。"

巴菲特投资理念是：在公司股票价格低于其内在价值时买进，然后静等回升……本书通过实例精辟而又详尽地描述了贯穿巴菲特投资生涯的投资哲学、投资策略、公司分析和估价技术，展示了巴菲特投资决策过程中令人神往的所谓"秘密"，书中还收入了贝克夏·哈维公司1977—1994年的年报和若干公司股票在内价值估算过程及结果，有助于读者更深入和全面地了解巴菲特投资策略的精髓，更理性地投身证券市场。

《公司进化论》

在阐述各阶段竞争力的管理策略方面，杰弗里·摩尔是位大师。在《公司进化论》中，他以此去解决21世纪商业中最根本的一项挑战——如何在剧增的全球竞争中获得赢利性增长。他的模式对于聚焦创新战略和提高生产率都非常有益，在公司的发展中起着举足轻重的作用。《公司进化论》为管理创新提供了清晰而引人入胜的观点，而管理创新正是摩托罗拉实现无缝连接这一愿景不可分割的一部分。杰弗里·摩尔关于创新的分类，关于商业体系对创新的影响，关于资源循环利用的模式，十分契合今天逐步升级的市场。

全球化正促使每个人重新思考自己的创新战略。杰弗里·摩尔的经验与洞察力使他在行业关键的转变期，成为颇具价值的指导者。杰弗里·摩尔第一个提供了成功引领商业周期各阶段的产品动态和市场创新的实践指南。要想赢得21世纪的竞争，就必须阅读本书。本书关于创新战略引人注目、充满图释的解说，对于杰弗里·摩尔是次重大突破——他从快速增长的高科技企业，跨越到缓慢增长的商品化成熟公司。

《公司进化论》将优秀的核心理念和优秀的管理实践清晰地结合在一起，杰弗里·摩尔对创新管理的理解无人匹敌。

第十一节　用心经营婚姻

现代婚姻关系要维系长久幸福不容易，许多华人移民家庭因夫妻双方忙于挣钱养家，平时缺少沟通，而又不善于解决冲突，常因各种小矛盾冲突而走上离婚的道路，或痛苦地维持无爱情的婚姻。婚姻专家提醒，爱需要学习、需要经营，夫妻要敞开心怀爱对方，抽时间制造夫妻约会的机会，重温二人世界，有助于巩固幸福的婚姻生活。

结婚不满四周年的李女士丈夫从事科研工作，工作忙碌，不仅平时难以聚在一起吃晚餐，丈夫周末也经常加班做实验。在孩子未出生前，在纽约曼哈顿工作的李女士下班或周末喜欢与单身友人出去娱乐消遣，对丈夫抱怨较少，但儿子出生后，李女士照顾孩子家务担子加重，她要照顾儿子，忙工作，通常还得主厨。“我对丈夫的怨言越来越多，刚开始他会感到愧疚，但逐渐对我的唠叨习以为常。”李女士说，后来丈夫对她也挑三拣四，嫌弃厨房不够整洁，“竟然还批评我衣冠不整”。

李女士向闺蜜们透露了对婚姻生活的烦恼，好友们出谋划策，建议她周末雇临时保姆帮忙，给自己美容、购物和放松的时间，并创造机会与丈夫约会，增进沟通。按照闺蜜们的建议，李女士与丈夫关系果然大为改善，“否则，我的婚姻可能等不到七年之痒”。

被华人誉为“爱情博士”的美国西北大学医院院心理学教授黄维仁指出，北美华人家庭、事业压力普遍大，忽视夫妻生活仍需维持亲密感，双方积累的不满化成互相指责，有冲突又不愿好好谈，因此往往冲突爆发后对婚姻造成致命伤害。黄维仁说，研究证明，长期习惯性逃避冲突是造成夫妇关系破裂的主要原因。他说，夫妻关系就像一个“爱情账户”，双方互相珍惜、疼爱是给账户存款，而争吵、指责则是提款，消费大于储蓄，婚姻关系就可能亮红灯。

黄维仁表示，华人家庭多为核心家庭，得不到原生家庭在情感及情绪上的支持，因此需要建立能够帮助保护婚姻家庭的社会环境。他建议，华人家庭可以通过参加孩子中文学校、社团活动和宗教组织等支持体系来维护家庭情感。

纽约基督教角声布道团设立的婚姻成长团体每周五举办聚会及讲座，同时提供儿童课程，让为人父母者能有两个小时单独相处。在不久前的一次聚会中，18 对华人夫妇学习“爱的五种语言”，透过讲解演练，夫妻们写下给彼此爱和赞美的话语，并邀请配偶约会，鼓励夫妻保持恋爱的感觉。

周太太结婚 7 年但仍感觉如度蜜月，她认为婚姻关系成功的秘诀在于为彼此制造惊喜和新鲜感，他们尽量安排不定期外出晚餐、看电影，而丈夫不会临时口头通知她，而是给她发手机短信，像写情书一样充满浓情蜜意，令她颇有幸福感。周太太说，和其他婚姻和谐的夫妻和家庭聚会，也有助增进夫妻关系。黄维仁指出，培养夫妻间的亲密感，关键在于学会相互关爱，了解对方，提高处理冲突的情商、智慧。他说，正如身体健康需要从吃、锻炼等方面下工夫一样，婚姻的健康成长也需要夫妻双方投入。

那么完美的婚姻到底是如何经营出来的呢？这也是理财所必修的课程之一。面包加爱情，才是好婚姻。不可否认，爱情与面包是每个人都注定不能逃脱，而且必须面对的两个方面。生活在凡尘俗世之中，每个人都不可避免地会触碰到爱情，每个人也都要通过吃饭来解决最基本的生存需求。无论爱情的感觉多么美妙，其最好的归宿都应该是婚姻。也许，有人会提出反对意见，并提出“婚姻是

爱情的坟墓”等一系列堂而皇之的理由，但想要爱情持久，就必须将其从半空拉回到地面上，并给其一个强有力的保障，也就是婚姻。

如果说爱情是一种令人窒息的激情，那婚姻则是一种细水长流般的温暖，一种“坐着摇椅慢慢摇”的坦然，一种执手相看两不厌的坚定。爱一个人，你能忍心看他在下班之后一个人孤独地吃剩饭吗？爱一个人，你能忍心看他在节假日独自默默流泪吗？爱一个人，你能忍心看他孤零零一个人面对各种工作、生活难题吗？与让人飘飘欲仙、头晕目眩的爱情不同，婚姻生活是一种接地气的活动，两个人生活在一起，进而养育下一代，或者与父母生活在一起，共同奏响一组组锅碗瓢盆交响曲。其中，既有快乐的分享，也有痛苦的分担；既有柴米油盐酱醋茶的日常琐事，也不乏相互鼓励相互学习的情感波动。在谈恋爱时，人们的头脑可以全部充满风花雪月，但进入婚姻生活后，请务必留出部分头脑空间考虑怎样脚踏实地地生活。人类得以存在和繁衍的第一要务是生存，而作为生存的必需品，“面包”虽然没有像爱情一样，被渲染成一种崇高的境界，但缺少“面包”对人类来说却是一种痛苦的回忆。

在中国这个一向重感情的国家里，虽然民间不乏唯美浪漫得一尘不染的爱情传说，但同时也有“贫贱夫妻百事哀”的说法，更有“嫁汉，嫁汉，穿衣吃饭”、“嫁鸡随鸡，嫁狗随狗”等俗语。民间俗语在表达方式上可能显得有些粗俗，会被现代年轻人鄙视，却往往是长期生活经验的总结，其中反映的道理可能已经被验证为真理。在古代，女子扮演的是依附者的角色，结婚更像生活的保证，极少是基于爱情的结合。

时至今日，人们在寻找另一半时，往往也会事先打听清楚对方的工作单位、收入等与物质条件息息相关的因素，尤其是在房价居高不下的北京，有房的年轻人更是成为婚恋市场的“抢手对象”。经济基础决定上层建筑，物质基础会影响爱情与婚姻的质量。作为有些知识和文化的现代女性，当然不能一味追求物质和财富，做“宁愿在宝马车里哭，也不愿在自行车上笑”的拜金女郎，但也不能不切实际地仅仅依靠爱情而活，以为有了爱情就拥有一切。殊不知，如果缺少物质的滋润，爱情之花早晚会枯萎。不要面包的爱情只是童话。要知道，饥肠辘辘、居无定所的爱情，以成熟的眼光来看，并不代表浪漫与伟大，而是对自己和别人的不负责任。毕竟，我们不是生活在电视剧般的虚幻之中。要面包的爱情才是生活。以适当的物质基础来为我们的爱情保驾护航，为我们的婚姻添砖加瓦，虽然有些辛苦，却更让人感觉踏实。爱情诚可贵，面包价也高，若为婚姻好，二者皆重要。

给双方作一个“财务体检”

结婚之前，出于对彼此的负责，要先去医院进行身体检查，这是几乎所有准备结婚的人都知道的事情。不过，结婚过日子，不是身体健康就可以家庭和睦、万事大吉，还需要良好的经济基础做保障。

通俗意义上的经济基础，就是指双方拥有稳定的工作和收入，有一定的金钱数量。记得有人说过：“好的婚姻就是一场成功的并购，并购的不仅是人，还有其附带的各种特质。”由此看来，经济基础还包括软性的一面，即双方的理财能力与观念。在导致离婚率不断攀升的各要素中，经济纠纷不可小觑。在美国，50%的夫妻离婚，是因为财务问题；在中国，经济矛盾所占的比重也逐年增高。别说你没见过这样的例子。结婚不是儿戏，在此之前，双方应该对彼此有充分的了解和磨合，包括经济和理财状况。作一个“财务体检”，说不定就能够避免理财中不应有的失误，让婚姻更加牢固。那么“财务体检”该如何展开呢？

首先，要确定彼此共同的理财认知。世界上不存在完全相同的两片树叶，与树叶相比，人的复杂性更高，自然也不存在理财观念完全相同的两个人。结婚前，在交流感情之余，双方不妨交流一下各自的理财状况。所谓男女搭配，干活不累，可能你会感到困惑的理财问题，对方却能提出恰当的建议，即使不能锦上添花，也可能会帮助你悬崖勒马。其次，要建立长期的理财目标。结婚前，双方还未进入婚姻生活，但正是因为这样，才要制定目标。只有制定共同的理财目标，双方才能在目标之下，互相妥协、互相监督，继续携手同行。在制定理财目标时，不仅要考虑双方，还要将双方父母以及未来的孩子都考虑在内。当然如果两位誓做丁克一族，那就另当别论。再次，要做好转换理财角色的准备。结婚前，单身生活的支出相对比较自由，理财方式大多较为粗放，或完全没有理财习惯。但如果你已经做好要当别人老婆或老公的心理准备，那么，请也做好转换理财角色的准备吧！假如一个男人在完成理财角色的转换上失败，婚前理财“吊儿郎当”，婚后依然作风不改。试想，这样一个有失责任感的男人，女人怎么敢和他过一辈子？

从婚前的“由我做主”到婚后的“有你有我”，理财应该是寻求婚姻生活和谐的重要一课，尤其是对于初入社会、经济根基尚浅的“新鲜人”来说。

刘女士说，自“金盆洗手”，从“月光女神”的队伍中脱离出来后，我变成了一名勤俭节约、朴素大方的“良家女子”。不是一家人，不进一家门。与老公相似，我也会定期乖乖地去银行存工资。不同的是，我的理财思维更为开明一些，对股票、基金之类的理财工具，也多少有所涉及。凭借还算聪慧的头脑，我也小赚了几把，与把钱存在银行相比，收益那是相当可观的。看到我在股市中的收获，老公也流露出了心动的表情，这是一个好兆头。人笨点儿不可怕，可怕的是还长有一个死活不开窍、不懂变通的榆木脑袋，好在老公不是这样的人，这为我留下了足够的“改造”空间。

为爱情投份保险

张太太讲了她为爱情投保险的故事。

一天下班后，老公神秘兮兮地问我：“你听说过爱情保险吗?”我以为他又在开玩笑，谁知他一本正经地说：“真的，要不我们买份爱情保险吧。”原来，他单位新婚不久的大宝夫妇联手购买了一份爱情保险。根据这份保险，只要他们一直携手相伴，到结婚25周年时，就会得到一份银婚祝贺礼金。

我马上找来“爱情保险”的资料。原来，所谓的爱情保险是一些人寿保险公司推出的由夫妻双方共同购买的“联合人寿计划”。夫妻双方只需要购买一张保单，共同支付保费，两人就都可以成为被保险人，都享有收益权。这种保险不仅具备两全或终身的人寿保障，被保险人还可以获得银婚纪念祝贺金等额外保险收益。对婚姻中的两个人来说，幸福婚姻既是快乐的感受，同时也是肩上的责任。两人共同为婚姻投保，既能够增强自己与爱人甘苦与共的责任心，还可以督促两人珍惜彼此的幸福婚姻。爱情保险，既有名，又有实，我看行！经过左挑右选，我和老公都看中了一款“一生一世爱情保险”。首期年保费，我们支付了1元，以后每年我们都缴纳等额保费，持续20年。在此期间，每三周年的结婚纪念日，我们可以领取一次保险金。前六次，每次可领取999元——这个数字我喜欢，象征天长地久；20年后，即第七次领取保险金时，我们可领取1 999元——这个数字我更喜欢，寓意感情随着岁月的递增而增加，让人心头倍感温暖。

同时，我们还获得了一笔爱情保障金。在将来，无论在任何时间，或出于任何原因，当我和老公其中任何一个人不能再领取上述

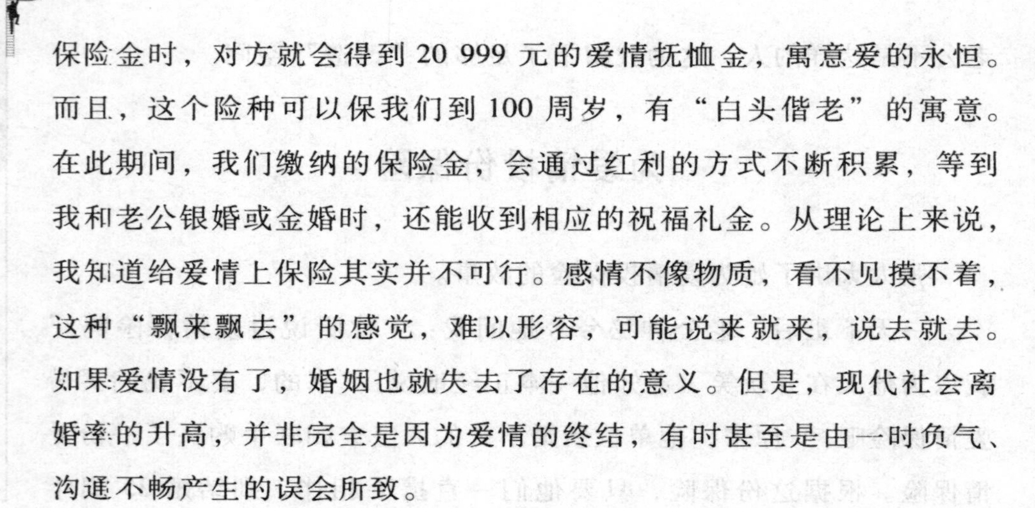

保险金时，对方就会得到20 999元的爱情抚恤金，寓意爱的永恒。而且，这个险种可以保我们到100周岁，有“白头偕老”的寓意。在此期间，我们缴纳的保险金，会通过红利的方式不断积累，等到我和老公银婚或金婚时，还能收到相应的祝福礼金。从理论上来说，我知道给爱情上保险其实并不可行。感情不像物质，看不见摸不着，这种“飘来飘去”的感觉，难以形容，可能说来就来，说去就去。如果爱情没有了，婚姻也就失去了存在的意义。但是，现代社会离婚率的升高，并非完全是因为爱情的终结，有时甚至是由一时负气、沟通不畅产生的误会所致。

有这样一个充满黑色幽默的故事。一位先生出差回来后刚走到家门口，突然听到自己家里飘出男人打呼噜的声音，在门外犹豫了5分钟后，他选择了默默地走开。走出小区，他给太太发了一条短信：“离婚吧！”然后，他毅然扔掉手机卡并且远走他乡，发誓再也不会回到这个伤心之地了。三年之后，他们在另外一个城市偶然相遇，两人相看默默无语。还是妻子先打破僵局：“当初为什么不辞而别？”他讲述了当时的情况，妻子转身离去，淡淡地说：“那是瑞星杀毒软件……”这个故事，让我和老公欷歔不已。如果当时他们夫妻能够就此事开诚布公地谈一谈，或将分开的事情向后拖延一段时间，说不定结局就会大不同。而如果他们办理了爱情保险，考虑到分手可能会失去大额保险金，就可能不会分得如此干脆，这就给爱情和婚姻提供了发生转机的时间。通过爱情保险，给婚姻加上一条经济的链条，相当于给爱情加了一些外力，你说还有比这更值得的投资吗？

当然，并不是所有的夫妻都想购买爱情保险。有人会认为，夫妻两人的感情经得起生活的磨砺与考验，不需要形式兼具内容的爱情保险来加固。“仁者见仁，智者见智”，这种观点无可厚非。你可以不买爱情保险，但是，为了给刚刚建立的小家庭提供保障，也为了对爱人负责，还是可以选择一些商业保险。为人们提供全面保障的商业保险包括意外伤害保险、医疗险和寿险三种。一般情况下，新婚小夫妻家庭收入还不太高，经过买房结婚等一番消费后，积蓄更是所剩无几，购买保险产品时，可以优先考虑意外险。不可否认，我们现在还年轻，身体素质好，但就像阿甘所说的，“生活就像一盒巧克力，谁也不能保证下一块是什么味道”，意外事故防不胜防。如果遭遇重大事故，一旦残疾，失去工作与收入，对小家庭来说意味着沉重的打击。发生意外伤害，是任何人也无法改变的事情，但如果能够在事故后得到一定的经济补偿，最起码可以减轻生活压力，缓解生活困难。这就是意外伤害险的最大用途。不过，意外伤害险只有在投保人发生意外事故后，才给予赔付，如果没发生则不予以返还。但也不用觉得吃亏，就算是花钱买平安了。一般的意外伤害险并不包括因意外伤害而产生的医疗费用，所以，为了在医药费很贵的今天还能看得起病，资金力量薄弱的人们，不妨再购买一份重大疾病保险。作为家庭的经济支柱，夫妻两人最好都购买重大疾病保险，这烊不仅可以在治疗重大疾病时获得经济上的援助，还具有豁免功能，即在期满时可以将保费连本带利拿回来，起到“有病治病，无病养老”的强制储蓄效果。至于寿险，即养老保险是否购买，可以因个人而异。如果没有办理社会养老保险或认为前者不足以养老使用，想以商业寿险作为补充者，也可以购买。

“天有不测风云，人有旦夕祸福。”购买商业保险是一种负责任的行为，其基本概念是：年纪越轻，保费越少。通过保险来转嫁风险，减少财务损失，也可以起到理财的作用。不过，冲动是理财的大忌，不可听信保险推销员的一面之词，头脑一热，就一股脑儿将全部商业保险都买回家。毕竟，保险不是白送的，需要花钱购买，如果因为买保险花光所有钱，那就是不可取的了。在考虑保险保障的数额和保费支出时，我们要从实际出发，保障数额可以是年收入的 10 倍，但保费则以年收入的 1/10 比较合适，以免影响到日常生

活开支。

女人不仅掌管着钱袋子，是家庭的"财政主管"，在家中还扮演着多重角色，既是妻子，又是母亲，还是女儿，十足一个四通八达的家庭关系"集散地"。在家庭中，女人成为一个牵一发而动全身的关键元素。如果没有给予丈夫足够的爱，或与丈夫在生活中出现分歧，将直接冲击婚姻关系的稳定。母亲的一言一行，都是埋在孩子心中的"种子"。如果没有给予孩子足够的关心，或不注重自己的行为，将会直接影响到孩子的人生观和价值观。婆媳关系自古以来就是一大难题，也是影响家庭关系的一大隐患。作为儿媳，如果不能视公婆为自己的父母，关心并尊重他们，难免会牵连至夫妻关系，造成家庭不和谐，甚至内部大混战。当然，作为嫁出去的女儿，如果你离开原来的家庭，就对父母不闻不问，也是人生的重大失职。这样做不仅伤了一对老人的心，而且是人生的一大污点。

由此可见，一个家庭的幸福，在很大程度上，要靠女人的精心营造。既然被赋予了这样的重任，也就迫使女人必须用心呵护每种关系，做好每件事。

做老婆，要像毛豆豆

毛豆豆何许人也？在"色"字当头的男人心中，竟然盖过了美艳的林志玲、娇俏的周迅等女明星！电视剧《媳妇的美好时代》人人都知道，毛豆豆是剧里的女主人公。毛豆豆的确是一个靠谱女青年！虽然没有令人喷血的身材，却不失端庄可爱；虽然不是当代活雷锋，但善良真挚；虽然不工于心计，却也头脑清楚。最关键的是，她清楚地知道自己想要什么。在帅气多金却曾经负过她的男人与会擦油烟机做家务且疼她的男人之间，她毫不犹豫地选择了后者，表明她不是一个物质欲强的女人。知足常乐，平平淡淡，相濡以沫，才是她的幸福。虽然毛豆豆只是一个虚构出来的人物，现实生活中可能没有与毛豆豆一模一样的人，但是这并不妨碍我们向毛豆豆学习。学习她的简单和坦然，学习她处理夫妻关系的方法。

老公是男人，不是超人，再坚强也有脆弱的时候。这时候，女人就不要再继续扮演被呵护者的角色了，要适时转变成鼓励者，让老公体会到你对他的关心。对他来说，你是最亲密的人，在最需要的时候，你的鼓励就是他最大的安慰与动力。

世界上没有无缘无故的爱，即便是夫妻双方，要想保持长久的关系，也不能依靠单方面的付出，需要两个人的互相关心和支持。在老公遭遇挫折时，仍然相信他、鼓励他，帮助他恢复勇气，将来他必定会更加珍惜你。当然，只是鼓励还不足够，妻子还必须让老公知道他在你心中的位置，让他感到自己对你仍有魅力，以免产生不必要的猜疑。要容忍老公的正当爱好，你可以不喜欢，但也要尊重，尤其不要加以讽刺。

家是遮风挡雨的地方，也是互相关心的地方，对待丈夫如同春天般温暖，相信你也会收获另一个春天，说不定你也会是下一个人见人爱的毛豆豆。

做妈妈，成为与孩子一起成长的朋友

有一期有关母子关系的节目，主持人问被访小女孩：“你最不满意你爸妈什么?”小女孩丝毫没给爸妈留情面地回答道：“我最不满意我妈抢我的压岁钱去打麻将。”随后，主持人就此事又采访了小女孩的妈妈。那位妈妈表示：“我不是抢她的压岁钱，更没有拿她的压岁钱去打麻将。我是怕她拿去乱花或弄丢了，给她存起来了。”虽然不知道那位妈妈的回答是否属实，但即便千真万确，也暴露了她教育孩子的一个缺点，即没有把孩子视为一个独立的个体，将自己凌

驾于孩子之上。

一提及孩子，人们脑海中第一个想到的词，就是“教育”。在教育这件大事上，与应试教育相比，素质教育被抬得很高，但提倡已久却收效甚微。对此，一位心理学家表示：“素质教育，我觉得最重要的一点就是要把受教育者当成活生生的人，要尊重他的人格，孩子和家长要能够平等对话，把他当做与你平等的人。”而孩子与家长平等对话，恰恰是现代教育的一个软肋。日常生活中，大多数父母总认为孩子小，不懂事，就应该全部听命于父母，丝毫不留商量的余地。有些父母在面对孩子不听从自己的想法时，甚至会恫吓孩子。

恫吓的理由之一就是一切为了孩子好，也就是将自己的标准强加在孩子身上。诚然，与孩子相比，父母有较多的生活经验，但须知，经验的正确性往往也会受到时间和空间的条件限制。拿着自己过去的经验指导孩子，如果孩子听从，就意味着他难以逾越时间和空间的限制，不能去追求更高的境界。如此一来，当然也无法实现父母“青出于蓝而胜于蓝”的愿望。被我们视做一无所知的孩子了解的东西可能远比我们想象中多。孩子的纯真，未必就是无知，相反可能是父母已经丢掉了那些本应该拥有的东西。

有这样一个故事，在马路上，一位大人发现自己的孩子正聚精会神地观察蚂蚁，就问道：“你看蚂蚁做什么？”孩子抬起稚气的脸，得意地说：“我在听蚂蚁唱歌。”听到孩子的回答，大人哈哈大笑：“蚂蚁怎么会唱歌？”孩子顿时不高兴起来，反问：“你不蹲下来听，又怎么知道蚂蚁不会唱歌？”

没有实践就没有发言权，没有蹲下来，就妄断蚂蚁不会唱歌，这就是大人的自以为是，结果可能“什么都不是”。你看，与孩子交朋友，我们大人也可以学到一些东西。所以，蹲下来听听孩子的内心，了解孩子所想，用孩子的眼光看待世界，才能真正了解孩子。“蹲下来”，不仅是肢体上的一个简单动作，思想观念更要“蹲下来”。首先，要换位思考，多站在孩子的立场想问题。话不投机半句多，用孩子的心去接近孩子，彼此之间才能有更多的话题，也才会有心与心的交流。其次，要善于聆听。孩子的小脑袋里，经常会装着各种问题和疑惑，要摒弃“孩子的话都是胡言乱语”的想法，认真聆听，并适时加以引导，让孩子感觉到受尊重，这也是一种无形的鼓励。再次，要参与到孩子的活动中。因为参与相同的活动，大人与孩子之间的话题就会增多，沟通交流的机会也会增加，自然就有机会成为朋友。最后，要尊重孩子的想法。凡事都听父母话的孩子不一定就是好孩子，有独立判断其实是件好事，将属于孩子的事情放权给他，让他自己判断，无形中也可以培养孩子的责任心。

在与孩子交流时，父母们切记要诚实守约。父母是孩子的第一任老师，也是最值得信任的朋友，如果自己的老师和朋友不诚实、不守约，试想会给孩子造成怎样的影响？

做儿媳，别让丈夫成为“双面胶”

俗话说，“家家有本难念的经”，其中一本应该叫做“婆媳经”。在家庭中，两代人之间难免会出现矛盾和冲突，最常见的是发生在婆婆与媳妇之间的矛盾。聪明的媳妇不会让自己的老公做“先救妈妈，还是先救老婆”的选择题，自然也不会让老公做“双面胶”，受夹板气。但是，说起来容易做起来难，正如劝人容易劝己难一样。有人说，家里有一个女人，那是安，如果有两个女人，就是难以安宁。

张太太说，刚结婚不久，老公将公婆接来北京小住，见面第二天，我和婆婆就差点“开战”。当时，我刚洗完菜，正准备将摘下的芹菜叶扔进垃圾桶，婆婆就冲我开嚷：“你怎么这么浪费啊！芹菜叶子照样可以炒着吃，年轻人太不懂得过日子了！”听到婆婆的话，我

心里顿时很委屈：我家从来不吃芹菜叶，也没听说过谁家吃，这怎么能算不会过日子呢？当时，我想回敬她几句，不过我突然想起公婆来的前一天，老公对我说的话："老家和咱们生活习惯不同，遇到问题你多让着咱爸妈。"心中的火气立刻消下去几分。冷静下来，我又想到，我妈平时不也会为一些琐事说我吗？我怎么就没有反感，现在换成婆婆，我就不能忍受了？来回一想，我心里释然了，微笑着对婆婆说："妈，我们平时很少做芹菜，不知道叶子能吃，经您这么一说，我以后就记住了。"听我这样一讲，婆婆好像也意识到自己刚才声音分贝过高，拉起我的手说："我也是对事不对人，可能说话方式不对，你不要往心里去啊！"然后，我们相视而笑。一场蓄势待发的战争就这样偃旗息鼓了，而且因为把话讲明了，谁也没有在心里留下"疙瘩"。

这场未发生的战争带给我很大的启发。处理婆媳关系，表面看似很复杂，但其实很简单。我的体会是，你既要把婆婆当成自己的亲妈来看，也不要把她当成亲妈来看。

亲妈批评你，你能生亲妈的气吗？亲妈存在性格上的不足，你能不理亲妈吗？相信有孝心的人都不会。视婆婆如亲妈，就是在与其发生摩擦时，不管错在哪一方，身为晚辈一定要忍让，切不可针锋相对。等到大家都心平气和时，再来讨论矛盾的解决方法。如此一来，明事理的婆婆会明白这是你在给她面子，以后她有可能会想办法弥补自己的过失。孩子与生身母亲的关系有时不用刻意去维护，但婆婆与媳妇的关系则不同，由于没有天生的血缘关系，必须要尽心尽力维护。此时，就不要把婆婆当成亲妈来看，既要在物质上做到孝敬，又要在感情上多沟通交流。礼多人不怪，不妨刻意多为婆婆添置一些物品，婆婆嘴上可能会嫌你乱花钱，其实心里不知怎样高兴呢！当然，还要记得，不要在老公面前说婆婆的不是。"子不嫌母丑"，没有人愿意别人在自己面前说亲人的坏话。你向老公告他妈妈的状，结果可能会破坏你们的夫妻关系，并不一定会让老公与你一起批评婆婆。

说一千道一万，处好婆媳关系的招数再多、再妙，终归逃不出一条黄金定律，即保有一颗宽容大度、为他人着想的爱心，要让婆婆知道，你并没有霸占她的儿子，而是她多了一个女儿。如果你能带给她这种感觉，我相信，这世界上就没有"恶婆婆"了。

做女儿，不是泼出的水

结婚后，有了自己的小家，忙着买房、买车、生孩子等人生大事，就会忽然发现，好久没和爸妈认真沟通、关心他们的生活了，每周通电话，也就是例行的几句"格式话"。

李太太说，有一个周末，按照惯例，我打电话问候爸妈。这次，妈妈的口气有些不对劲。在我的追问下她才告诉我前几天爸爸因为胃病复发住进了医院，但是怕我担心，当时爸爸不让告诉我。不过，现在已经出院在家休养了。听完之后，我的心里很不是滋味。对于我们来说，要做的事情总是有很多的，而且永远也做不完，但有一件事情却是刻不容缓的，那就是孝敬父母。爸爸身体不好，我决定回去照看几天，争取把自己这盆"有些泼出去的水"一点一滴地收回到爸妈家中。与老公商量后，善解人意的他请了假陪我一起回去。还没走到家门口，远远就看到了妈妈瘦小的身影。妈妈好像又老了一些，不过在我看来依旧漂亮。其实，妈妈年轻时就漂亮，可惜我长得不像她，更像爸爸，当然，我也没吃亏，从爸爸那里继承了聪明的好脑子。

一进屋，我就看到爸爸躺在沙发上，脸色虽然不好却挺有精神。还没等我询问他的病情，他就先开口对妈妈说："赶紧给下饺子，他们肯定没吃午饭。"了解到爸爸的身体渐渐康复，我们的心情顿时轻松了很多，吃饺子时我开始大快朵颐起来，老公打趣地问我："你不减肥了？"我立马回答："我妈包的饺子最好吃，我才不怕胖呢！"那几天，我和老公在家好好地陪伴了爸妈，还一起监督爸爸服用我们带回去的养胃药。有时出门碰到邻居，听到他们的一句："闺女回来了？这老两口真有福气！"我和老公相视一笑，心里的那种满足感，远不是提高工资之类的愉快所能比拟的。

临走那天，虽然爸妈一再叮嘱我们不要担心他们，但是从他们的神情中，我能够清晰地看见那份依依不舍。当时我就下决心，以后要常回家看看父母。在返回的火车上，我和老公商量，以后的假期时间，我们不再找地方到处旅游了，而是要多回家看看父母。旅游的机会以后多的是，但孝敬父母的机会可是过一天少一天。对于我的提议，老公极为赞同。

的确，我们中华民族的优良传统是讲究孝道，所谓"百善孝为先"，但关注的重点几乎都是儿子对父母的孝，以及媳妇对公婆的孝，似乎女儿对父母的孝就是可有可无的，要不人家怎么会说"女生外向"呢！甚至有人污蔑女儿为"赔钱货"。这种想法是要不得的。女儿出嫁，不是被出售，原来的家还是自己的家，父母还是自己的父母，尤其是独生子女家庭，更要孝顺。而且要让父母感觉到，女儿对他们的孝意不仅没有减少，而且还"带回一个儿子"一起孝顺他们。每个人都会老，都需要照顾和陪伴。囿于各种因素，我们或许不能时刻陪伴在父母左右，但是如果有时间，常回家看看也不啻为对父母最大的安慰。

在婚姻生活中，无论扮演着哪个角色，都应充满爱和感恩，夫妻间互敬互爱，爱双方的父母，爱家庭的新成员——孩子。虽然很辛苦，但充满快乐；虽然有矛盾，但会沟通解决；虽然结余不多，但会理财……只要我们用心经营，我们的婚姻就一定是美满的，生活一定是幸福的。

第十二节　积累人脉

不管什么人，光凭自己的力量是成不了富豪的。今年40岁出头的罗先生在江南站附近经营着一家整形外科医院，但他干副业投资房地产挣的钱要比主业挣的多得多，罗先生最出色的投资战略就是“人脉管理”。

“我的父亲是公认的人脉管理方面的专家，早在20世纪70年代江南区大开发时期，他就凭着‘人脉’靠投资房地产赚了大钱，父亲留给我的最大财产就是‘人脉’。”实际上罗先生数年前开医院的时候，没有要父亲支援一分钱。他贷款5 000万韩元，再加上当年用储蓄投资房地产赚到的钱，把医院开了起来。罗先生之所以能够获得今天的成就，很大一部分源于他从父亲身上学习到的人力资源管理秘诀。“为了结交对我的事业有帮助的人，我放弃了晚上大部分的休息时间，平常下班后就在网上收集各种各样的信息，周六去登山或者参加高尔夫聚会，周日就去教会。”

不仅如此，他在互联网上开设了自己的“同好会”论坛，积极与他人交流投资信息。然后又在自己的博客上发表投资感想，而且不管有多忙，他都要去与自己的专业完全无关的房地产投资培训夜校，与多样化的投资者交换各种投资信息。

当有人向罗先生请教人脉管理上的秘诀时，罗先生笑道：“人脉管理的秘诀？如果想把有才能的人都拉拢到自己身边，你必须给予一定的物质激励才行。说一千道一万的感谢话和一次性地给一大笔钱，哪一个能让对方感到更痛快？其实并没有什么人脉管理的秘诀，事情常常就这么简单，不要常常用心来感谢，与发自内心的感谢相伴的还应当有物质上的补偿，这就是人脉管理的核心。”罗先生认为，自己积累的人脉真心地信服自己，财源自然就会滚滚而来。

人脉的力量

美国前总统比尔·克林顿的夫人希拉里说过："我在担任第一夫人的时候学到的最重要的一课，就是在世界舞台上的外交关系都是由各国政要之间的个人关系来左右的。即便不同国家的理念不同，但只要政要之间缔结了信任关系，国与国之间仍然可能保持良好的协作关系。"人际关系能够左右国家与国家的关系，人际关系在形成财富的过程中也起着重大的作用。新生代富豪之一、进口家具商白先生（36岁）越来越尝到了人脉为他带来的甜头。孤家寡人成不了大事，有人缘却没财产的人也比比皆是，也就是说人脉和金钱有着千丝万缕的联系，因此，富人们投资在人脉上的时间和金钱不比投资在房地产上的时间少。新生代富豪们在初次见面的时候，在谈到自己的财富时，总是谦虚地说这是由于自己运气好的缘故，不过仔细去听他们的话，你很快就明白在他们所提及的运气中，总是加入了"人"的因素。

世界顶级企业之所以愿意花上百万年薪聘请一位人才，是由于他们很早就明白此人能为他们带来财富的缘故。无论一个人拥有的知识多么渊博、多么出众，都不可能凭一己之力成就事业。在大学里边当老师边经营校内公司，年收入达10亿韩元以上的郑先生（43岁）强调说："世界首富比尔·盖茨之所以能够圆梦，登上世界财富榜的顶峰，是因为在他身边，有一位像影子一样辅佐他的史蒂夫·鲍尔默。美国投资大师沃伦·巴菲特最亲密的伙伴、多年的朋友查尔斯·芒格一直立身于巴菲特的身后，共同创出了巨大的收益。金融大鳄乔治·索罗斯倘若没有合作伙伴吉姆·罗杰斯，绝对不会成为金融界的翘楚。"

人脉需要细心经营

与前面讲述的大部分新生代富豪一样，黄先生今年也是40岁出头，现在经营的主要业务是将服饰供货给大型折扣店，也是一位白手起家的富豪。黄先生为了使自己的商品能进折扣店上架销售，且能占据好的销售位置，几乎天天都往折扣店的采购部跑，跟他们一起吃饭，休息时间一起去踢足球。时间一长，从普通员工到中层领导，黄先生都跟他们结下了深厚的友谊。黄先生说："庆典我可以不参加，但丧事一定得跑一趟，这是我干事业的原则。大体上说，一起分担痛苦，比一起分享愉悦更能获得一个人的心。我待在丧礼上的时间要比待在婚礼上的多得多，因此能从丧礼上获得很多重要信息。"

某天，黄先生供货的折扣店里某员工的父亲去世了，他前去吊唁时偶然得知该折扣店负责商品采购的理事是足球教练车先生的铁杆"粉丝"，而且很喜欢喝黑咖啡。黄先生还了解到他非常厌恶开着进口车炫耀的供货商，并且是一位笃实的基督徒。"我挖空心思才得到了一次跟这位负责商品采购的理事见面的机会，当然，我也会根据从他人处得来的信息投其所好。点了黑咖啡后，我们就开始聊足球，我说自己很喜欢车先生的执教风格，我们还一起臭骂了开外国车的韩国人。我提出愿意无偿为基督教团体经营的保育院提供服装赞助……就这样，我当场就跟这位采购理事签订了巨额的供货合同。"多样化的人脉能够为你提供多样化的有用信息，而信息就是财富。

为了结交于己有用的人脉，你就要尽可能地去参加多种聚会，结交各种各样的人。像高尔夫聚会或登山聚会之类的"同好会"活动或初级足球俱乐部等区域活动、"同窗会"等许多聚会，都有必要亲身参与才行。晚上、周末，只要一有空闲时间，就要多结识一些人。在网上运营只对会员开放，用于交换有关股票投资高级信息的论坛版主申先生说："穷也要站到富人的行列里去。如果想成为富人，就要与富人一起吃晚餐，知道如何与他们分享悲伤和愉悦，而且一旦迈入这个行列，你就要想办法不脱离这个行列才行。"

第十三节　战胜竞争者，信息即财富

企业的人际矛盾和政治斗争激烈，“精英”人士之间的互相倾轧十分严重。在工作中，“实力”是根本，但是如果除了实力之外没有其他独特的武器和战略，就一定会落伍。这个武器和战略就是正确了解正威胁着你的地位的竞争者，并将他战胜。《孙子·谋攻篇》中说：“知己知彼，百战不殆；不知彼而知己，一胜一负；不知彼，不知己，每战必殆。”意思是说，在军事纷争中，既了解敌人，又了解自己，百战都不会有危险；不了解敌人而只了解自己，胜败的可能性各半；既不了解敌人，又不了解自己，那只能每战都有危险。商海如战场，想要独占鳌头是需要相当的谋略的。

现代经济学理论中的“信息不对称”理论，其实质也强调“知己知彼”。现代经济学认为，信息不对称会导致市场失灵。要把你的战略建立在竞争者能够干些什么的基础之上，而不是仅仅建立在竞争者可能会干些什么的基础上。

日美“汽车战”

“二战”后，美、日汽车生产和技术水平差距极大。美国素有“汽车王国”之誉。底特律的“三巨头”，即通用、福特和克莱斯勒三大汽车公司不仅垄断了国内汽车市场，也称霸世界市场，一直至20世纪70年代。可是在20多年后，力量对比发生了显著的变化。

日本汽车工业蓬勃发展，雄视世界。据美国《幸福》杂志统计，在1986年世界20家最大汽车公司中，日本占9家。而在美国市场上，每售出4辆汽车，其中有1辆就是日本汽车。

“二战”后的日本认定汽车业有巨大的发展前途，将发展汽车工业作为开发日本出口潜力的关键行业之一。日本向美国人发动“汽车战”是在20世纪60年代。

日本在调查研究中发现美国人对汽车的需求已大有变化。过去美国人偏爱大型的、豪华的汽车，但由于美国汽车越来越多，城市越来越拥挤，大型汽车转弯及停车都感不便，加上油价上涨，人们感到用大型汽车耗油多不合算，因此，美国人偏爱已转向小型汽车，即喜欢价廉、耐用、耗油少、维修方便的小汽车，并要求汽车易驾驶、行驶平稳、腿部活动空间大，等等。

丰田正是根据美国人的喜爱和需要，制成一种小巧、价廉的汽车，迅速在美国市场上树立起物美价廉的良好形象，终于打进了美国市场。

接着，日本在研究了美国汽车的制造技术、设计优缺点、消费者的口味以及市场环境后，于20世纪60年代初推出“蓝鸟”牌汽车，也成功打进了美国市场。

李嘉诚靠信息取胜

李嘉诚之所以能成为华人首富，缘其重视商业信息，善于审时度势。20世纪60年代，逃港潮汹涌，港人心不稳，出国求避，地产低迷。李嘉诚遂大举投资香港房地产，买房买地。几年后，香港市道转暖，李嘉诚已赚得盆满钵满。

巴菲特的股市投资秘诀

美国投资大师沃伦·巴菲特投资理念的三项基本原则是：

(1) 时刻牢记一个企业账面价值、内在价值和市场价值之间是有区别的。

(2) 投资的基础是内在价值。

(3) 作为一个所有者去投资。

20世纪50年代，巴菲特还在哥伦比亚大学求学的时候，他的导师本杰明·格雷厄姆就告诉他：任何股票只有当其市场价格低于其内在价值出现了“安全空间”时，才有投资价值。巴菲特的成功得益于准确核定他所购买的股票和企业的价值方法。巴菲特的底蕴奥妙如何，是人们极欲了解的，可是巴菲特坦言，这是他的看家本领，恕不相告。

中国证监会首席顾问，曾任香港证监会主席的梁定邦说：“在一个有效的市场中，信息反映了企业的价值，所掌握的信息越全面，所做出的判断就越准确。”“投资艺术的价值就在于判断当前市场价格是否真实地体现企业的内在价值。”如果信息灵通，投资股市，牛市时可以赚钱，熊市时也可以赚钱。信息社会，你拥有的信息越多，赚的钱也就越多。

第十四节　言行举止要向富人看齐

人的言行举止都代表一个人的行为，正所谓富人和穷人之间的差别就是在于这里，因此在必要的情况下，普通人还是不要吝惜钱，但即便如此，也要进行合理消费。

在韩国新生代富豪当中，有90%的人都开着进口豪华商务车，只有个别富豪开的是国内最高级的轿车或进口中档轿车。

“事实上，我倒不太想这么张扬，以我现在的年龄，我很想开RV休闲车，但是我不能，这并不是奢侈，而是因为需要，是没有办法才这样做的。”

姜先生如是说。姜先生年近40，大专毕业之后，向亲戚朋友借了850万韩元，在韩国的东大门市场上做饰品批发生意。经过10年的打拼，他积累起了数亿韩元的资本，于是将公司搬至釜山，做起了韩国与日本、俄罗斯饰品的进出口贸易。对于贸易商而言，信息与财富的价值相当，姜先生也不例外。他通过各种渠道收集信息，而且还通过熟人介绍建立更多的人脉。

“亲戚介绍我去参加高尔夫聚会，没去几次我就发现人家压根就没把我当自己人，比如，有时候专门躲着我背地里再聚会，有时候举行圆桌聚会时，专门说一些只有我不知道的话，我始终都不明白他们为什么要这样做。最终，我自己放弃了这种聚会活动。不久后，我才知道他们为什么要把我拒之门外，这都是因为轿车。”

姜先生将自己开了5年的国产轿车送到了二手市场，阔阔气气地换了一部最新型的高档车，等他再参加聚会时，主动跟他套近乎

的人就多了起来。

姜先生说："我并不认为将我拒之门外的那些人就是坏人，无论是哪个社会，哪个阶层，哪个聚会都存在'只属于我们的圈子'，所以想要进入这个圈子，你就必须认同这个圈子追求的价值观，如果你不认同圈内人士的理想与目标，那你最好还是别进。因为并不是他们需要我，而是我想跟他们结为商业伙伴。韩国俗语说得好，'谁口渴谁挖井'，这就是做事业的基本原则。"

换了新车之后，姜先生通过在聚会上结识的伙伴，认识了俄罗斯贸易商，直到现在，他的韩俄饰品贸易都发展得红红火火。

不是因为虚荣，而是因为需要

三星的创始人李秉喆在公司最为艰难的时候仍然坚持购买最高档的轿车，相反，现代集团的创始人郑周永在当上"会长之王"（韩国第一财阀）之后还坚持只乘坐 POLY（现代轿车早期品牌之一）轿车去开会。这是为什么呢？李秉喆坚持购买最豪华的轿车，是因为他希望在逆境中找到东山再起的机会；而郑周永在人生的顶峰时期仍然只坐自家产的 POLY 车，部分原因是他为本公司生产的车感到骄傲，另一方面也是向他人告之自己即便是当上了富人，也依然保持着朴素的本性。

总的来说，韩国传统型富豪给人的印象是朴素和节俭，这种现象并非韩国特有。沃伦·巴菲特在当上"股神"之后仍然亲自驾驶着他那辆德国大众产的甲壳虫车到处"招摇"，而沃尔玛的创始人，亿万富豪山姆·沃尔顿也总是亲自驾驶着那辆又旧又破、伤痕累累的古董车去会见客户。

在韩国有关富人和成功学的书籍里，"富而不露"也是传统富豪的典型形象，而且这也成为大众生活的美德及迈向财富人生的捷径。

从某种程度上讲，这句话并没有错，富人的共同点之一是低调，这也是事实。

那么，“富而不露”果真就是放之四海而皆准的真理吗？经营餐厅并获得成功的30多岁的朴先生耸耸肩说：“从某种程度上来说，巴菲特或山姆·沃尔顿的例子顶多只能在美国说说。像韩国这样的国家，车就像人的脸面一样，某次为了跟客户去签个重要的合同，我开车前往客户下榻的旅馆。

“到达旅馆的门口，服务员让我把车停到没有尽头的地下停车场里去。那天我开的是一辆旧的大宇轿车，当我经过门口时，发现我的客户正站在大门口等我。我们的视线在车窗相遇的那一瞬间，我看到客户的嘴角隐隐约约地显出一丝冷笑。那天的合同最终以失败而告终，后来我才知道，那位客人可能因为我开的是一辆旧车而不信任我。那天顾客开的是一辆雷克萨斯，所以当他与我的视线相遇时，嘴角露出一丝冷笑也是自然而然的事。”

你到罗马去就要遵守罗马法律，同样的道理，在“以貌取人”的现实世界当中，要想在商战中存活下来，你就不得不在“面子”上做足文章。

90%以上的新生代富豪开的都是最高档的轿车。不过有一个很有趣的现象，虽然他们开的都是高档车，但很少有人开新车，也就是说他们购入的都不是新车，而是高档的二手车。在韩国，要想最大限度地抓住机会和运气，哪怕你开的是一辆旧车，也要开最高档的旧车。

保持节俭，该用钱的时候绝不吝啬

虽然韩国新生代富豪们都开着豪华的高档车，但这并不意味着他们都是奢侈浪费的人，除了商业战略上必要的开销之外，他们都

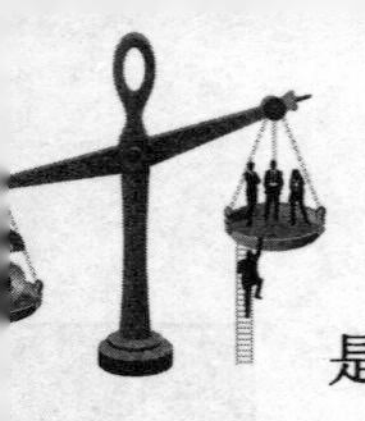

是追求合理消费和节俭的人。

30多岁的会计师朴先生利用业余时间经营服装卖场，服装卖场每年的销售额在50亿韩元以上。尽管如此，朴先生因为讨厌在高尔夫球场上炫耀奢侈品的同伴，所以干脆再也不去高尔夫球场了，兴趣由打高尔夫球变为了登山。

靠投资房地产将自己所在医院的房地产收归自己名下的整形外科医生罗先生也是一位生活朴素的富人。罗先生说："如果买一套豪华公寓，为了跟公寓的豪华相匹配，那你就要购买昂贵的家具，做豪华的装修，这样一来，一套房子足以改变你的生活。我没有这样做，并不是因为我没有钱，正是因为有钱，所以我才更要节约。"

投资中国房地产赚了巨额财产、30多岁的宋先生说："我曾经跟家人一起在有着'富人村'之称的江南区生活过一段时间，但我很快就明白，所谓的'富人村'就等于'过度消费村'。在明白了这个事实之后，我们举家迁到了京畿道高阳市一山区。

新生代富豪们开的都是豪华的高档车，我也不例外，我开的是外国进口的商务车。但我曾经看到过一个很有趣的统计，开着奔驰或者是宝马7系列、奥迪A8的30多岁的年轻人当中，有2/3都不是富人，他们大都是给富人的家人或者是富人开车的司机，于是新生代富豪为了将自己跟司机区分开来，所以在购车的时候会选择比最高档的豪华车稍低一个档次的车。"

追求合理消费

"必要的时候绝对不要吝啬钱，但即便如此也要进行合理消费。"

让我们通过一个简单的例子来看一下韩国新生代富豪的消费价值观。他们即使在购入奢侈品的时候，也会力行节约。举例来说，新生代富豪们都会通过网站来比较商品价格，以便于用最低的价格购入最好的商品。

有一个很有趣的现象，即90%以上的韩国新生代富豪都不吸烟。

在江南区经营大型健身俱乐部的40岁刚出头的安先生说："我不吸烟最主要的原因还是出于商业礼貌，我向商业伙伴展现一个不吸烟、在任何时候都充满活力、洁净的印象，而且如果把积累起来的烟钱投资出去，也不是一笔小数目。"

美国俄亥俄州大学研究显示，吸烟者比非吸烟者的平均财产要少得多，非吸烟者的平均财产比一天吸一包烟以下的吸烟者的财产多50%，比一天吸一包烟以上的吸烟者的财产多一倍。实际上，假设一天只吸一包烟，一年的损失金额只不过是91.25万韩元，但如果将这些钱存成复利，复利率为5%的话，10年的损失金额为1 296.369 3万韩元，20年是3 259.381 7万韩元，30年是6 456.922 1万韩元，40年就是1.166 5亿韩元。

39岁的延先生是某外资投资企业的基金经理，他说："吸烟是一种消磨时间、以自我为中心的行为。如果你想要在商业世界里赚到大钱，你就不得不考虑他人的欲求和需要，但是吸烟就是一种不为他人考虑的行为。从某种意义上来说，吸烟者是被烟统治的人，但是在商业世界里要想成为王者，你就不能成为被统治者，而应该成为统治者。"

节约与吝啬截然不同

这么说来，韩国新生代富豪都是作茧自缚的人吗？当然，他们大多在业务上奢侈大度，在生活中节约朴素，不过他们都乐意花大钱去购买高档轿车，也乐意拿数十万韩元去买高级皮鞋。

让我们来听一下在釜山经营高级日本料理店的孙先生（40岁）怎么说：

“花大钱去消费，我是有原则的，即我花了大钱买的东西至少能使用5年以上。如果那是一件能使用5年以上的东西，那么你就要毫不吝啬地买下来，这才是真正的节约。你要为购买随着时间的流逝而渐渐散发出气质和品位的产品而不断努力。至于冲动购物，那是绝无仅有的事情。”

一双质量好的皮鞋，只要保养得好，即便是穿上10年也是崭新如初；一张好床，即便是你连续睡上10年，仍然会让你夜夜入眠；一个真皮皮包，你留给下一代使用都可以；一套原木做成的家具，不管怎么样都比锯末家具使用起来让人更安心一些。

在忠清南道大田做房地产中介生意、积累了20亿韩元资产的新生代富豪晋先生（36岁）这样说：“节约和吝啬截然不同，吝啬是指不肯花一分钱去做任何事，有了机会也不知道投资，因而失去了赚钱的机会。我在事业当中经常遇到这种人，我为他们感到惋惜，机会和钱都是需要努力争取的，但是吝啬的人由于不愿去亲近机会，而自己堵塞了赚钱的门路。”

第十五节　第一印象决定成败

有时候一个人会在3分钟内失去生活的信心，有时候一个人给别人的第一印象会在30秒内完成，有时候一笔交易会因为一个美丽的微笑而完成。因此在踏上发展事业道路之初，值得你花点时间学习一下塑造良好形象的技能。

这可不是教你如何巧妙地掩盖你的真实面目或明显缺点，也不仅仅是有意识地注意一下自己的外表和举止，使外在的自我能保持整洁地走入人群。实际上，在一个人的工作环境中，树立专业形象的时机无所不在。你的老板、同事、买家、卖家，以及求职面试中的面试考官、新买家、新卖家，每天都扮演着你的观众。

如果一直都非常在意自己留给别人的印象，如果你总是力求为自己塑造最佳形象，如果你懂得如何用完美形象来作为自己的名片，那么你不光会感到日常工作轻松自如，而且整个事业道路平坦顺利。也许我们会认为自己很理智，对于诱人的包装和广告，我们不受其骗；对于某个产品、某项服务或某个人，我们宁愿相信自己客观而公正的判断。但是研究表明，我们当中仍然有90%的人，是在会晤的最初几分钟内就彼此做出判断的。

由于人类是一种视觉占主导的动物，因此我们对事物的印象，源于自己之所见。外表在个人印象中占50%强——种族、年龄、性别、身高、体重、肤色、形体语言、衣着和打扮，它们都作为外表的一部分起着相当的作用。另外，说话的声音和方式则占个人印象的38%，而信息或说话的内容仅占7%。

适宜性、可靠性、吸引性、财产状况和社会地位——对这些因素的判断，基于一个人的“直觉”和客观观察两者的结合，这种判断时对时错。如果你不愿麻烦自己努力塑造良好的个人形象，那么你正在冒着受人误解的危险。所以，要三思而后行呀！

我们生活在一个被称为“30秒文化”的世界中，充斥于电视、录像、周日增刊和饶舌杂志中的各种劝诱中，这使我们一个个都成了形象分析专家。不论我们自己愿意与否，别人都会对我们的衣着、说话方式、环境布置及对同事的影响评头论足。

怎样表现自己，才能给别人留下良好、深刻的印象呢？

社会心理学家艾根研究后提出了在别人心目中建立良好的第一印象的SOLER模式。我们在同陌生人相遇的开初，如果按SOLER模式来表现自己，就可以明显地增加别人对于我们的接纳性，使我们在别人心目中建立起良好的第一印象。

SOLER是由五个英文单词的词头字母拼写起来的专用术语。其中：

S表示“坐或站的时候要面对别人”；

O表示“姿势要自然开放”；

L表示“身体微微前倾”；

E表示“目光接触”；

R表示“放松”。

从上面的描述中我们可以看到，当我们按照SOLER模式来表现自己时，会给人一个“我很尊重你；对你很有兴趣；我内心是接纳你的；请随便”的轻松、良好的印象。

按社会常规管理自己

比如人们认为外表能反映一个人的精神状态，而且外表最容易被他人所知觉，所以人们常常会比较留意修饰自己的外表，尤其在异性面前时，更加如此。

人们真实的自我也许是不受他人和公众欢迎的，这样为了给他人留下好印象，建立良好的人际关系，人们常常会将自己伪装起来，戴上面具去做事。同时，也通过各种办法自我抬高，让他人觉得自己很优秀。在使用自我抬高方法时，人们常常会先承认自己的某些小不足，以使自己的话变得更加可信。这些就是人们常说的隐藏自我和抬高自我的做法。

按社会期待管理自己

由于人们身份、地位的不同，社会对人们的期待也不同。例如你要应聘银行职员这个职位，就需要表现出严谨的作风；要应聘幼儿园老师这个职位，就要表现出对小朋友的亲和力，等等。总之，努力使自己的行为符合这个角色的社会规范。

留下好印象的十大技巧

一、主动向对方打招呼

俗话说："一回生，二回熟。"对于陌生人来说，你先开口向对方打招呼，就等于你将其置于一个较高的位置。以谦恭热情的态度去对待对方，一定能叩开交际的大门。如果你能用自信真诚的目光正视对方的眼睛，会给对方留下深刻的印象。

二、报姓名时略加说明

记忆术中有一种被称作"记忆联合"的方法，这是一种把一件事与其他事连在一起的记忆方法，初次见面的人利用这种方法可以加深他人对你的印象。比如你姓张，便可说："我姓张，张飞的张，

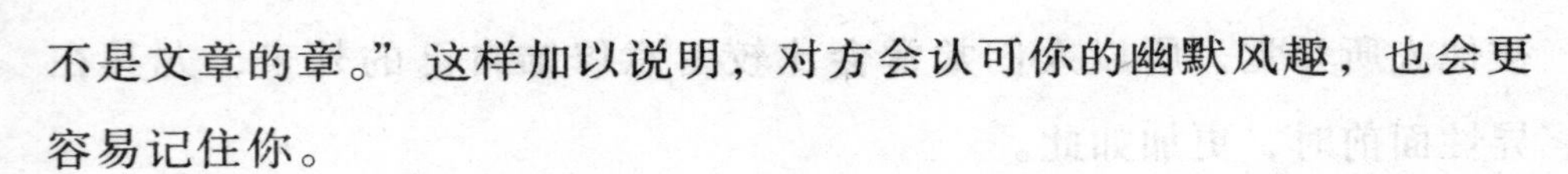

不是文章的章。”这样加以说明，对方会认可你的幽默风趣，也会更容易记住你。

三、注意自己的表情

人心灵深处的想法都会形之于外，在表情上显露无遗。一般人在到达见面的场所时，往往只注意“领带正不正”、“头发乱不乱”等着装打扮方面的问题，却忽略了“表情”的重要性。如果你想留给初次见面的人一个好印象，不妨照照镜子，审慎地检查一下自己的面部表情是否跟平时不一样，如果过于紧张的话，最好先冲着镜中的自己傻笑一番。

四、找出与对方的“共同点”

任何人都有“求同”心理，往往会不知不觉地因同族或同伴意识而亲密地联结在一起，同乡会、校友会之类的组织便应运而生。如果你能找出与对方拥有的某种“共同点”，即使是初次见面，也会在无形中让对方产生亲切感，一旦心理上的距离缩小了，双方便很容易推心置腹了。

五、了解对方的兴趣、爱好

初次见面的人，如果能用心了解与利用对方的兴趣、爱好，就能缩短双方的距离，加深对方的好感。例如，和中老年人谈健康长寿，和少妇谈孩子和减肥，和孩子谈米老鼠、唐老鸭，等等。即使是对自己不甚了解的人，也可以谈谈新闻、书籍等话题，这都能在短时间内使对方喜欢上你。

六、引导对方谈得意之事

任何人都有自以为得意的事情，但是，再得意、再值得骄傲和自豪的事情，如果没有他人的询问，自己也不能主动提及。而这时，你若能适时而恰到好处地将它提出来作为话题，对方一定会欣喜万分，并敞开心扉畅所欲言。适当地给人以机会，你们的关系会更加融洽。

七、适时地指出对方身上的微小变化

每个人都渴求拥有他人的关心，对于关心自己的人也容易产生好感。所以我们要积极地表示出自己对他人的关心。只要一发现对方的服饰或常用物品有所变化，哪怕是极其微小的变化，也应立即告诉对方，绝对没有人会因此而感到不高兴。愈是指出对方细微的、不容易被发现的变化，愈能使对方高兴。让对方感受到你的细心和关怀，你们之间的关系就会变得很亲密。

八、挺直的坐姿

弯腰曲背的人，大多是害羞的、自我防卫心强的人，让人觉得难以与之相处，而脊背挺得笔直的人，会让人觉得富有活力、精气十足。因此，在会谈、面试等社交场合，必须注意挺直你的脊背，让人觉得你“精明强干”。

九、恰如其分地“附和”对方

“附和”是表示专心倾听对方说话的最简单的信号，体现谈话双方的情感交流。真正用心听他人谈话时，总会发现谈话中有自己不懂的、有趣的或令人拍案叫绝的内容。如果能够将听时的感想积极地表现出来，随声附和，在谈话中加入“真是这样吗?”“你说的是……”“为什么?”之类的话，定能使对方的谈话兴趣倍增，乐于与你交谈。

十、不要忽略分手的方式

心理学认为，人类的记忆或印象具有“记忆的系列位置效果”，也就是说，人的记忆或印象会随着它在话语中出现位置的不同而有深浅之分。一般来说，最有效果的是最初和最后的位置。所以，在谈话进行过程中留下不好的印象或出现某些小问题，如果能在最后关头将良好印象深植于对方心中，就能挽回原来造成的损失。

西方一些国家的政府首脑、议员在对待民众的陈情案方面往往采用不同的技巧：接受陈情案时，并不送对方到门口；否决时，必

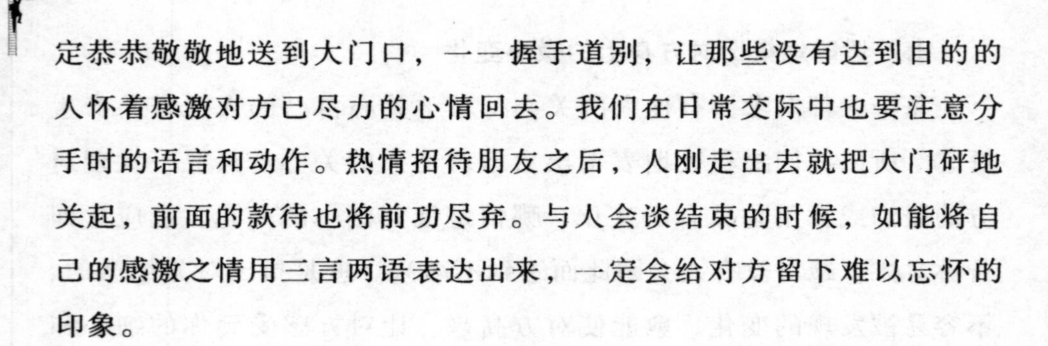

定恭恭敬敬地送到大门口，一一握手道别，让那些没有达到目的的人怀着感激对方已尽力的心情回去。我们在日常交际中也要注意分手时的语言和动作。热情招待朋友之后，人刚走出去就把大门砰地关起，前面的款待也将前功尽弃。与人会谈结束的时候，如能将自己的感激之情用三言两语表达出来，一定会给对方留下难以忘怀的印象。

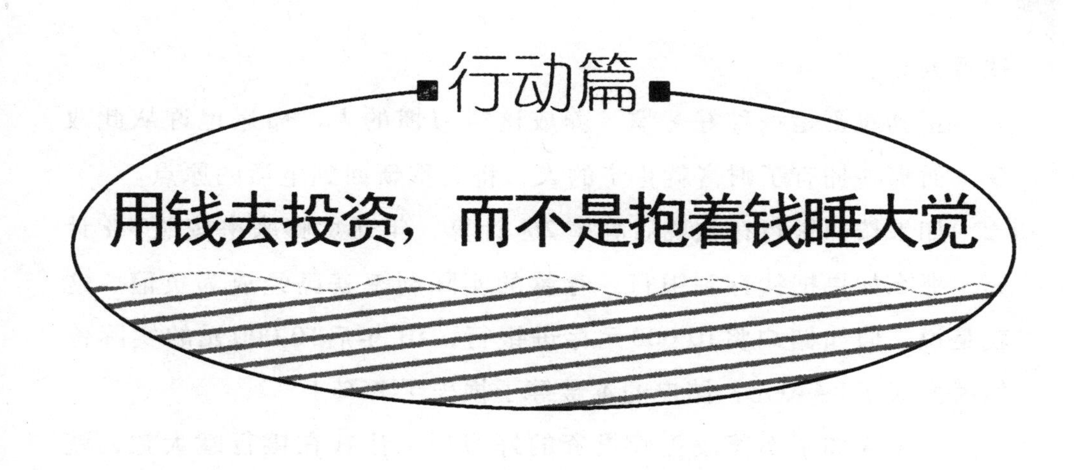

第十六节　更新观念，正确投资，改变命运

在美国，大家都知道《富爸爸　穷爸爸》的故事，故事讲的是富爸爸没有进过常青藤大学，他只上到了八年级，可是他这一辈子却很成功，也一直都很努力，最后富爸爸成了夏威夷最富有的人之一。

富爸爸不光会赚钱，在性格方面也是非常的坚毅，因此对他人有着很大的影响力。从富爸爸身上，人们不光看到了金钱，还看到了有钱人的思想。富爸爸带给人们的还有深思、激励和鼓舞。

穷爸爸虽然获得了耀眼的常青藤大学学位，但却不了解金钱的运行规律，不能让钱为自己所用。其实追根究底，穷与富就是由一个人的观念所决定的，但却受周围环境的影响。

所有的有钱人都有一个共同的观念：用钱去投资，而不是抱着

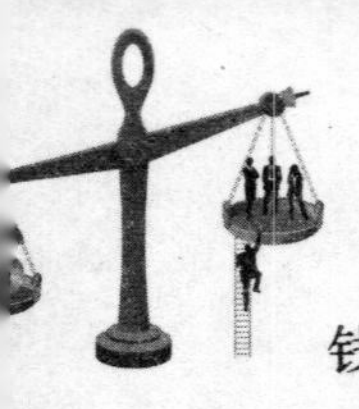

钱睡大觉。

正确投资是一种好习惯，养成这样习惯的人，命运也许从此改变。而那些拥有了财富就止步的人，将会重新回到生活的原点。

如果按照银行存款税后利率2%计算，年通货膨胀率按照5%计算，那么如果把钱存到银行，存款的实际利率就已经成为负值。这就是说，假如储户将10 000元存进银行，10年后10 000元的实际价值就变成了7 440元，储户的本金等于损失了25%！

一个人如果不养成正确投资的好习惯，让钱在银行睡大觉，就是在跟金钱过不去，就是在变相削减自己的财富。有很多人辛劳一生，到头来却还是穷人，就因为这些人不会把钱变成资本。

可以这样说，穷人都不是投资家，大多数穷人都只是纯粹的消费者。要想不再做穷人，就不但要努力赚钱，用心花钱，还要养成良好的投资习惯，主动争取回报率能超过通货膨胀率的投资机会，这样才能真正保证自己的钱财不缩水，才能逐渐接近自己的财富目标，才能过上更好的生活。

不过，想投资首先还要会投资，投对资。同样是一套房子，购买者可以自己住，也可以出租，还可以转手卖出，同是一套房子，购买者的不同处理方法就可以改变这套房产的价值。具体地说，假如你花钱购买了一套房子，目的是为了让房租流到自己的口袋，那么购买这套房子就是投资；如果购买这套房子，只是为了改善自己的居住条件，那它就变成了你的消费。

同样是花钱，有时可能是投资，有时又可能是消费，关键就要看花钱的最终目的是为了以后不断赚钱，还是单纯地为了花钱而花钱。

有钱人总会想尽一切办法把自己的钱变成资产；而穷人却总会心甘情愿地享受消费的乐趣。追其根本，无非就是思维观念的不同。没钱人低头劳动，有钱人抬头找市场；没钱人用心赚钱，有钱人用心投资；没钱人到处找亲戚，有钱人慷慨交朋友；没钱人伸手领薪水，有钱人考虑发薪水；没钱人等待被选择，有钱人细细选择别人；没钱人学手艺，有钱人学管理；没钱人听奇闻，有钱人创奇迹。

有的人说：我没有钱怎么投资？多年之后，他将依然是穷人；有的人说：我很穷，所以我必须投资。几年后他将成为有钱人。

现实中不少人因为没有钱，所以什么都肯做，从无到有，聚沙成塔；现实中还有很多人由于没有钱，因此什么都不肯做，只能贫困一生！成功的投资者都是具有积极向上的心态和持之以恒精神的人。富有与贫穷，往往只不过是一念所致。

贫穷本身并不可怕，可怕的是习惯贫穷而蔑视投资的思想。长期的贫穷会消磨人的斗志，封闭人的思想，使人变得麻木而迟钝。在思想上对贫穷的退让，会引起行动上对改造贫穷的失败，最终会一生与贫穷伴随。

只有那些崇尚财富，不向贫穷低头的人，才会得到财富的垂青，才能成为真正的有钱人。

第十七节 储 蓄

在人们漫长的理财历史中，储蓄一直是首选方式。随着时代的变迁，人们消费观念不断变化，不少人对储蓄理财的重要性越来越淡化，但是储蓄仍是理财的基础，储蓄有着其他理财类产品所不具备的特性，那就是安全可靠，存取方便，回报稳固。

古人云："凡事预则立。"储蓄需要坚持的原则就是计划性，这里的计划既包括坚持储蓄，也包括做好储蓄的种类选择、期限及金额等计划。

房价涨得太高，不想买；股票基金不稳，不敢买；收藏门槛太高，不能买……面对如此多的困惑，人们手中的闲散资金似乎没了去处。其实，你不妨考虑一下风险较低的银行储蓄。虽然在所有理财方法中，银行储蓄的收益最低，但只要多用些心思，依然使你稳赚不赔。

因需选择期限，巧妙排定金额

对于手头比较宽裕的人，在进行储蓄时，最好选择一个相对较长的存款期限（一年或三年），不要只图方便而选择定活两便、甚至是活期储蓄。这样一来，储蓄存款在一年或三年到期后，储蓄存款的利息就会相差很多。

很多人认为定期储蓄存单越少越方便保管，在进行定期储蓄存款时喜欢把存款都存成大存单。其实，这种做法不利于理财，一旦遇到急事，即使再小的金额，自己也需要动用大存单，这样一来就损失了应得的利息。为避免这种不必要的损失，在储蓄时尽量把存款的金额巧妙排开，如有10万元，不妨呈金字塔形排开，分别存成1万元、2万元、3万元、4万元各一张。无论自己提前支取多少金额，利息损失都会降到最低。

约定“自动续（转）存”利息有保证

如果在定期存款到期后储户不去银行进行续（转）存的话，银行对储蓄超期部分就会按活期利率计算利息，如此势必也会损失不少利息收入；如果存款金额更大一些、逾期时间更长的话蒙受的利息损失就会更大。

为避免这些不必要的损失，在定期储蓄时，储户应该采用与银行约定“自动续（转）存”的方法，银行对自动续（转）存的储蓄存款以转存日的利率为计息依据，续（转）存时都会把原来储蓄存款的本金和利息都按约定续（转）成定期储蓄存款。这样既可避免到期后忘记转存而造成不必要的利息损失，又省去了奔波银行的劳苦。如果是遇到降息，自动续（转）存方式也可保证定期储蓄存款到期后储户的利益。一旦及时给予了自动（续）转存，而该笔储蓄存款期限又较长、金额又较大，就会为储户带来可观的收益。

活期约定转存方便又增值

在目前市场低迷的情况下，“开源”对上班一族来说似乎太难，特别是对月光族，“节流”则是可行性强的积累财富方式。为此，我们可以绑定自己的工资卡，自动将卡内的活期存款转为定期。

工资卡里的钱都是活期存款，而目前活期存款的年利息

(2011.7.7发布）为0.5%，低利息收益相当于让活期存款在工资卡里睡大觉，而目前定期存款最低的年利息是3.5%，想进行固定储蓄和赚定期利息，可从办理工资卡的约定转存开始。以某家银行的约定转存为例，如果你现在有1.1万元的储蓄存款，全部以活期存在银行，一年应得利息为

$$11\,000 \times 0.5\% = 55 \text{（元）}$$

而如果你选择约定转存，1 000元存活期，超过部分存一年定期。那么一年下来，你应得利息为

$$1\,000 \times 0.5\% + 10\,000 \times 3.5\% = 5 + 350 = 355 \text{（元）}$$

两者相比，后者应得利息是前者的6.45倍。如果想开通此项服务，只需凭工资卡和身份证，到银行柜台设定一个转存点即可。这样，活期账户里的资金便会自动划转到定期账户里。

“存款”选“定投”，消费储蓄两不误

如果你手中掌握的是长期的持续现金流，则可以试试“存款定投”。其中，“十二存单法”和“阶梯存款法”都是不错的理财方式。

“十二存单法”是将每月工资的10%～15%存入一年定期，每月都这么做，一年下来就有12笔一年期定期存款。那么从第二年起，每个月都会有一笔定期存款到期。如果到期的存款暂时不用，则可以加上新的存款继续做定期。这样能保证手头上既有活钱用，又能享受到定期存款的利息。

“阶梯存款法”则适合已有一笔固定资金的投资者。例如一笔10万元的资金，将其均分为5份，按1年、2年、3年、4年、5年的期限存5份定期存款。第一年过后，把到期的1年定期存单续存并改为5年定期；第二年过后，则把到期的2年定期存单续存并改

为5年定期。以此类推，5年后，5张存单都会变成5年定期存单，但每年都会有一张存单到期，并且都能享受5年定期的高利率。

下面我们来看看具体的例子：

一、每月定投1 000元，20年后变为68万元

王女士理财资本：★

每个月可以拿出进行理财的资本在1 000元左右，虽然钱不多，但是不愿意放在银行里，收益太低。

风险承受能力：★

王女士收入不高，风险承受能力低，不想承担太大的风险，想以较为安全的方式进行理财。

理财目标：给孩子攒一笔教育费用。

理财建议：我们常见的低风险类理财方式有凭证式国债、定期储蓄、债券基金、固定收益类人民币理财产品四种方式。

安全性高、收益稳健是这四种理财方式的共同特点，也是吸引人们进行投资的主要原因。这类产品对于那些风险承受能力低的投资者来说，是比较理想的投资渠道。

对于王女士来说，最适合她的是基金定期定额投资，是指投资者在有关销售机构约定每期的扣款时间、扣款金额及扣款方式，由销售机构在约定的扣款日从投资者指定银行账户内自动完成扣款和基金的申购。

由于这种方法每次投入的金额一般较小，最小的投资金额每月只需100元，和银行的零存整取很相似，但是收益率一般要高于银行同等利率。

投资者可以根据实际情况以及目标来规划自己的基金定投，比如买车买房可以选择定投三年或五年期，给孩子准备教育资金和养老则可以选择期限较长的定投期限。

算账：如果王女士选择基金定投的理财方式，每月定投

1 000 元，以股票型基金平均投资回报率10%来计算，经年累月会给孩子积累足够的学费。

二、投入5万元，一年后可翻番

张先生理财资本：★★★

张先生有积蓄5万元，且每个月还能有2 000元的结余。

风险承受能力：★★★★

张先生的风险承受能力强，愿意承担一定风险来获取高额收益。

理财目标：希望能钱生钱，充实自己的资本。

理财建议：像张先生这样具有一定风险承受能力，且希望能获取高额收益的投资者，可以考虑投资股市、基金和黄金，等等。

5万元的积蓄可以拿出50%投资股市，看好行业，投资一两只看好的股票，不要过于分散。

剩下的50%可以用来投资偏股型基金和银行信贷产品等，另外考虑到黄金行情的牛市，投资纸黄金等黄金产品也是一种不错的选择。

算账：张先生的5万元算下来，如果投资恰当的话，一年后翻番达到10万元不是没有可能，当然高收益往往是伴随着高风险的。

三、盘活工资卡，收益颇丰

曹女士理财资本：★★

曹女士在外企工作，月收入6 000元，花费在3 000元左右，由于平常忙于工作没有时间进行理财，结余的钱往往就放在了工资卡里。

风险承受能力：★★

风险承受稍强。

理财目标：盘活工资卡里面的资金，获得更高的收益。

理财建议：曹女士的状况适用于“懒人理财法”，由于平常没有过多的时间消耗在打理钱财上，所以要投资理财的话，一般则“需要别人给打理”，适合投资类似于基金、银行理财产品等有专业团队进行运作的理财产品。

货币基金是一种不错的选择，因为1万元的货币基金一天收益也有1元左右，而且随时可以取出来。同时买货币基金与存活期储蓄相比，每天相差不少的利息收入，日积月累，也会是一笔不小的财富呢。

另外，采用定期定额投资，每月工资一发就自动把一定金额先扣掉买成定期定额投资基金，进行长期理财。

算账：按照上述方法，合理配置投资的话，曹女士工资卡里的资金收益率可达到10%，一年的收益比单纯放在卡里获取银行活期利率要高出很多，且收益可观。

第十八节 股　票

股票是一种有价证券，是股份公司在筹集资本时向出资人公开或私下发行的、用以证明出资人的股本身份和权利，并根据持有人所持有的股份数享有权益和承担义务的凭证。股票代表着其持有人（股东）对股份公司的所有权，每一股同类型股票所代表的公司所有权是相等的，即“同股同权”。股票可以公开上市，也可以不上市。在股票市场上，股票也是投资和投机的对象。股票理财是一种投资理财方式，指投资于股票的理财方式，是一种风险投资。

股票理财的核心

股票理财的核心，在于承认无法确知的未来并采用适当的方法来应对，比如股市调整的底部，投资者是无法确知的，但可以通过仓位调整来应对，估值低于合理水平增加仓位，估值明显超过合理水平则减少仓位。另一方面，投资者还要加强对个股的选择，不要把鸡蛋放在一只篮子里，要建立合理的持仓结构，否则研判不准的话，可能会受到重创。

股市走势难以预测，投资者基本上处于被动接受的境地，不过，不能预测和被动接受是两回事，被动之中也有主动，控制仓位就是投资者主动应对的法宝之一。此外，调整持仓的结构也是控制仓位的一种，投资者可以将一些股性不活跃、盘子较大、缺乏题材和想象空间的个股逢高卖出，选择一些有新庄建仓、未来有可能演化成主流的板块和领头羊的个股逢低吸纳。

炒股的目的

为什么要炒股，你炒股到底是为了什么，是发财致富，还是人生体验？明确自己股票投资的目的是实现成功投资的关键。如果没有一个确定的投资目标，就会使投资活动变得困难重重，趣味全无，甚至危机四伏。

尤其是对于炒股这样一种高收益高风险的投资，它就如同潜水，最好睁着眼睛潜下去。“我为什么要炒股？”对于这个问题，会有各种各样的答案。如果你未曾认真地想过这个问题而答不上来，就可能会有比较大的麻烦。

当然，每一个人的炒股目的不同，但投资目的却大体相同。

为了短期的财务目标

有时，投资者投资的目的并不完全是为了以后的退休生活，可能只是为了实现一些短期的消费目标，比如想一年后买辆新车，或下个黄金周陪女友出国度假，等等。如果能用投资的赢利来满足这些消费需求，而无须动用银行存款，岂不更好。所谓财务目标，除了为未来过体面的退休生活而投资理财，也包括增加短期的收入，让我们购买想要的东西，让生活变得更加舒适。

所以，长期投资和短期投资都是需要的。以实现短期财务目标而进行的投资，因充满挑战而可以让人激动万分。要在较短的时间里见到投资成效，投资者要承受很大的风险，因此投资知识的功底要扎实，投资品种的选择要相当精准，尤其是在选择那些成长型股票时，需要从多方面分析其未来业绩增长的确定性。

如果你的短期财务目标不是很高，资金也较为宽裕，可以选择稳定分红的股票，虽收益不会太高，但风险相对较小，这应该是最稳妥的投资策略。当然，由于各种各样的原因，很多人虽然知道投资的好处和必要性，但并没有开始自己的投资生涯。分析起来，主要有两方面的原因：

一是受个人财务所限。比如收入除了日常生活开支外，要全部用来归还房贷，再没有额外的钱用于投资。如果将固定支出的钱用来做投资就要十分小心，必须要确保能保值增值，并且可以随时变现。事实上，市场上还是有一些投资品种，可以让你有明确用途的钱也能在确定的时间内产生收益，比如债券型基金和货币市场基金等固定收益或保本的理财产品。

二是缺乏投资知识，这是最为普遍的原因。确实，如果投资人对投资知识一无所知就贸然行动，赔钱是肯定的。但投资知识的学习和掌握并不是像一般人所想象的那么难，投资大师彼得·林奇说过："只要你有初中数学水平，你就具备了投资所需的智力要求。"由此看来，绝大多数人都没有不去做投资的理由。

新股民入市需补的课程

作为一名新股民，在投资股市之前到底应该做好哪些准备工作，才能尽量缩短磨合期，尽量减少"学费"支出呢？

以下两方面是新股民需要抓紧时间补课的。

一、证券基础知识和交易基础知识

有些股民连交易时间、股票代码、除权除息、每股收益、上市公司什么时候公布定期报告、在哪些权威媒体可以查到公司公告等最基本的东西都还没弄清楚，就贸然入市，无异于彩票赌博。

此外，近年来我国证券市场处于大力发展之中，创新的金融产品不断涌现。很多投资者还没搞清楚所以然，就已经一头扎进去了，这才会出现武钢权证、机场权证到期时才有投资者发现手里的票据已经成了废纸一张，才会出现股指期货仿真交易中，投资者把新合约当做新股来炒作的笑话。

在你准备下第一份单子之前，请务必先把要买的东西、它的交易规则等问题搞清楚。

二、基本技能

作为投资者，首先要学会看行情，弄明白量比、委比等常用名词的含义，然后要去简单学习一下股市常用的投资技巧。

一般来说股市投资技巧分为3个层次：技术分析、博弈分析和价值分析。单独掌握任何一层的技巧都能增加你投资胜算的可能性。

由于机构投资者引领的投资思路在市场中发挥越来越大的作用，而我们发现机构投资者的投资思路越来越趋向国际化，因此作为中小股民的投资思路也必须与时俱进。简单地说，以价值分析为主挑选投资品种，以技术分析、博弈分析为辅选择买卖时机，是最理想最有效的投资方法。

有人说，"套牢"分两种，一种是"价值套牢"，一种是"价格套牢"，这就把基本面分析得出的估值变化和资金面推动的价格变化之间的关系说得很清楚了。如果股票的价格高于价值了（价值套牢），那你面临的风险相应就比较大；如果不过是价格上买高了，而买价仍在价值之下（价格套牢），那么假以时日还是可以解套的。但是如果你能利用好技术分析把握入场时机，做到价格价值都不套牢，那么收益就更高了。

技术分析和价值分析，我们可以通过投资大师们提供的参考书、参加一些普及型的培训课加以掌握，至于博弈分析投资者可以在投资过程中慢慢揣摩。

上证报股民学校所编的《股民学校初级教程》就是针对新入市

的投资者编写的，内容全面，目前投资市场所有的品种——A股、B股、基金、权证、股指期货都涵盖了。投资者如果能仔细阅读，将受益匪浅。

另外，市场上现在有一些傻瓜型的交易分析软件，它们会直接给出个股买卖的信号提示，对于不愿意花时间研究技术分析的投资者而言，也是一个可考虑的选择。

三、时间、精力的安排

要做好股票投资就必须对一些宏观的、政策的、公司行业的动态信息有及时的关注和掌握，这是日复一日、年复一年的持续性工作，你在入市前就得考虑自己是否有足够的时间和精力来做这件事情。

比如说周末中国人民银行突然提高存款准备金率，假如作为新股民的你刚刚跟风买了工商银行的股票，就得通过各种途径来了解、关注这条信息可能对这只股票走势带来什么样的影响。

对于喜欢短线操作的投资者来说，务必要确保自己能时刻盯盘，并要确保下单畅通无阻。建议你要同时使用电话委托和网上在线委托，以防止交易通道出现问题。

四、资金安排

有些投资者、特别是新入市的新股民，对股市的风险缺乏足够了解，因此可能出现把储蓄全部拿来投资股票、甚至产生借钱或者卖房炒股的想法，这是万万要不得的。

股市投资应该是家庭财产的一个有机组成部分，考虑到股市起落和股票流动性的问题，应该使用一部分富余资金来做投资，这样在心态上才不会过于急功近利，万一投资失手也不至于影响到家庭生活。

如果你对股指期货跃跃欲试，那就更要提醒你控制投入资金，绝对不能超过可用投资资金的3成。

五、正确认识自己的风险承受力

通过分析自己的家庭状况、收入稳定性、投资目的、证券投资的相关知识等因素，来明确自己的风险承受力，从而事先规划好本金数额和投资风格。

六、学会控制情绪

股市中常常会有追涨杀跌等羊群效应心理作怪，因此要学会控制自己的情绪，不要受周围人行为的干扰。

当某只股票受到疯狂追捧的时候，要保持冷静，不要侥幸以为自己不会是最后一棒，一个比较有效的控制方法就是反复验证主力的建仓成本；当手里的股票遭遇暴跌的时候，要验证它是“价值套牢”还是“价格套牢”，再进一步决定到底是该尽快卖出还是赶紧补仓。

相信通过以上准备工作，新股民一定能加快成熟。

避免股市的风险

股市风险集中体现在股票的价格上，即风险在于不能将股票以低于买价抛出，否则即意味着亏损的实际发生或者使资金被套。在股票市场上，最常见的是系统风险与非系统风险。

一、系统风险以及防范

系统风险又称市场风险，也称不可分散风险，它是指某种因素的影响和变化，导致股市上的股票价格下跌，从而给股票持有人带来损失的可能性，系统风险的诱因发生在企业外部，上市公司本身无法控制它，其带来的影响面一般都比较大。

系统风险的来源可能是由于股票价格过高，股票的投资价值相对不足。当股市经过狂炒后特别是无理性的炒作后，股价就会大幅飙升，从而导致股市的平均市盈率偏高，相当投资价值不足，此时

先入市资金的盈利已十分丰厚，一些股民就会率先撤出，将资金投向别处，从而导致股市的暴跌。

另外，经营环境的恶化，利率的提高，税收政策，股市扩容等系统风险都可能引起股价下跌，经济方面的因素，如利率，现行汇率，通货膨胀，宏观经济政策与货币政策，能源危机，经济周期循环等，都能引起系统风险。政治方面主要是政局是否稳定，社会方面，如体制变革，所有制改造等也都能引起系统性风险。

那么，如何防范股票风险呢？

首要的是要防范系统风险，这就是常说的何时买比买什么更重要，何时买指的就是系统风险的防范，而买什么就是非系统风险的防范。要防范系统风险，投资者首先应该学会区分股票的高价区和低价区，因为系统风险往往都发生在高价区，而且在高价区系统风险的杀伤力最大。

除了避免在高价区买入股票外，股民还需要关注宏观经济形式的发展，特别是要关注国家的政局，宏观经济政策，货币政策的变化，利率变动趋势，以及税收政策的变化等，如果在这些因素发生变化之前采取行动，股民就成功地逃避了系统风险。

二、非系统风险及其防范

非系统风险又称为非市场风险或可分散风险，它是与整个股票市场的波动无关的风险，是指某些因素的变化造成单个股票价格下跌，从而给股票持有人带来损失的可能性。

非系统风险主要来源于公司经营不善与公司的财务风险。

（1）经营风险：经营风险是指公司经营不善带来的风险，一个公司经营不善，对投资者将是很大的威胁，它可以导致股民毫无收获，甚至赔去自己的本金。

（2）财务风险：财务风险是指公司的资金困难引起的风险。一个上市公司财务风险的大小可以通过该公司借贷资金的多少来反映，如果借贷资金多，则风险就大，反之，风险就小。

对于非系统风险的防范，主要是在选股时对上市公司的经营历史、管理水平、技术装备情况、生产能力、产品的市场竞争能力及企业外部形象等方面要有详细的了解，力图对上市公司的经营管理能力和发展前景做出比较客观的预测。

对于短线投资者来说，从事股票交易的目的就是赚取差价，所以，股票有没有投资价值并不重要，只要避免了价格套牢，也就规避了风险。在股票投资时关注股票的投资价值，尽可能只在投资价值的区域购入股票也就避免了风险。

对于长期投资者来说，风险的防范比短线投资要简单且有效，因为长线投资只要避免价值套牢即可。

新手炒股必须掌握的投资时机

新手炒股要考虑的最重要的问题在于判断与选择买卖股票的有利时机。因为高质量的股票并不一定意味着高收益，股票投资的收益率随着股票价格的升降而浮沉，因此投资者必须掌握不同的时机进行投资的原则与技巧，使投资组合一直保持在令人满意的状态，获取最大的赢利。

新手尤其要掌握新股发行时投资的方法。

新股的发行市场与交易市场的关系是相互影响的。了解和把握其相互之间的关系，是投资者在新股发行时正确进行投资决策的基础。

在交易市场的资金投入量为一定数额的前提下，当发行新股时，将会抽出一部分交易市场中的资金去认购新股。如果同时公开发行股票的企业很多，将会有较多的资金离开交易市场而进入股票的发行市场，市场的供需状况就会发生变化。但另一方面，由于发行新

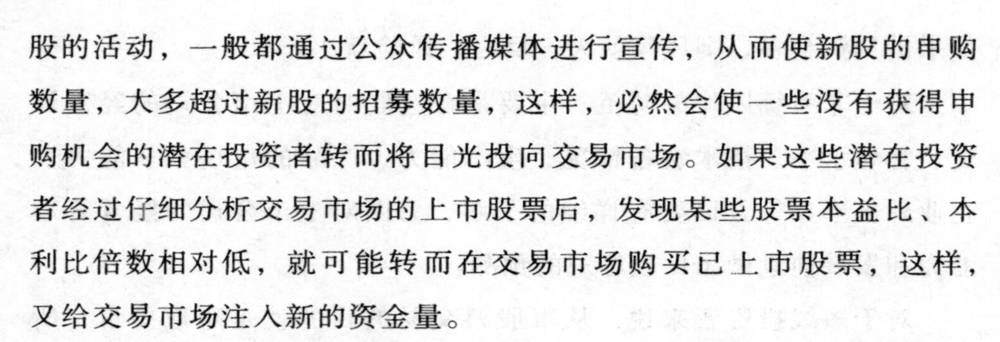

股的活动，一般都通过公众传播媒体进行宣传，从而使新股的申购数量，大多超过新股的招募数量，这样，必然会使一些没有获得申购机会的潜在投资者转而将目光投向交易市场。如果这些潜在投资者经过仔细分析交易市场的上市股票后，发现某些股票本益比、本利比倍数相对低，就可能转而在交易市场购买已上市股票，这样，又给交易市场注入新的资金量。

虽然在直觉上可将新股发行与交易市场的关系作出上述简单分析和研判，但事实上，真正的影响关系到底是正影响还是负影响，是发行市场影响交易市场，还是交易市场影响发行市场，要依股市的当时情况而定，不能一概而论。例如，有些公司发行新股的消息公布后，不少投资者担心发行新股会冲击老股，纷纷地抛出老股而形成巨大的卖压，致使老股股价出现大的跌幅，但当抽签认购率只有5.8%时，尚未中签的投资者又纷纷将闲散资金投向交易市场购买老股，从而又使老股股价出现连连攀升的市况。

一般来讲，社会上的游资状况，交易市场的盛衰以及新股发行的条件，都是决定发行市场与交易市场相互影响的主要因素。其具体表现是：

（1）社会上资金存量大、游资充裕、市况好时，申购新股者必然踊跃。

（2）市况疲软，但社会上资金较多时，申购新股者也较多。

（3）股票交易市场的市况好，而且属于强势多头市场时，资金拥有者往往愿将闲钱投在交易市场中搏击，而不愿去参加新股的申购碰运气。

（4）新股的条件优良，则不论市况如何，总会有很多人积极去申购。

网上炒股必知的八个注意事项

网上炒股现在已经日渐受到广大投资者的青睐，主要是因为它具有方便、快捷、安全的优势。但网上炒股作为一种新的理财方式，多数人对其缺乏一些较深层次的了解，防范风险意识相对较弱，有时因使用操作不当等原因会使股票买卖出现失误，甚至发生被人盗卖股票的现象。因此，掌握一些必要注意事项，对于确保网上炒股的正确和资金安全是非常重要的。

一、正确设置交易密码

如果你的证券交易密码泄露，他人在得知资金账号的情况下，就可以轻松登录你的账户，严重影响个人资金和股票的安全。所以对网上炒股者来说，必须高度重视网上交易密码的保管，密码忌用吉祥数、出生年月、电话号码等易猜数字，并应定期修改、更换。

二、谨慎操作

网上炒股开通协议中，证券公司要求客户在输入交易信息时必须准确无误，否则造成损失，证券公司概不负责。因此，在输入网上买入或卖出信息时，一定要仔细核对股票代码、价位的元角分以及买入（卖出）选项后，方可点击确认。

三、及时查询、确认买卖指令

由于网络运行的不稳定性等因素，有时电脑显示网上委托已成功，但券商服务器却未接到其委托指令；有时电脑显示委托未成功，但当投资人再次发出指令时，券商却已收到两次委托，造成了股票的重复买卖。所以，每项委托操作完毕后，应立即利用网上交易的查询选项，对发出的交易指令进行查询，以确认委托是否被券商受理和是否已成交。

四、莫忘退出交易系统

交易系统使用完毕后如不及时退出，有时可能会因为家人或同事的误操作，造成交易指令的误发；如果是在网吧等公共场所登录交易系统，使用完毕后更要立即退出，以免造成股票和账户资金损失。

五、同时开通电话委托

网上交易遇到系统繁忙或网络通信故障时，常常会影响正常登录，贻误买入或卖出的最佳时机。电话委托作为网上证券交易的补充，可以在网上交易暂不能使用时，解你的燃眉之急。

六、不过分依赖系统数据

许多股民习惯用交易系统的查询选项来查看股票买入成本、股票市值等信息，由于交易系统的数据统计方式不同，个股如果遇有配股、转增或送股，交易系统记录的成本价就会出现偏差。因此，在判断股票的盈亏时应以个人记录或交割单的实际信息为准。

七、关注网上炒股的优惠举措

网上炒股业务减少了券商的工作量，扩大了网络公司的客户规模，所以券商和网络公司有时会组织各种优惠活动，包括赠送上网小时数、减免宽带网开户费、佣金优惠等措施。因此要关注这些信息，并以此作为选择券商和网络公司的条件之一，不选贵的，只选实惠的。

八、注意做好防黑防毒

目前网上黑客猖獗，病毒泛滥，如果电脑和网络缺少必要的防黑、防毒系统，一旦被黑，轻者会造成机器瘫痪和数据丢失，重者会造成股票交易密码等个人资料的泄露。因此，安装必要的防黑防毒软件是确保网上炒股安全的重要手段。

第十九节 基　　金

投资基金，就是让理财专家替你打理钱财，比较省事，很适合上班族。但基金是长期投资品种，持有时间长才会显现出良好的效果。

两年前，由于对股市缺乏了解，老王炒股票亏了。后来他听说基金不错，既稳当又比银行利息大，于是就买了1只基金，1元1份，他买了5万份。

刚买完的那几个月行情还挺好的，一直涨势旺盛，没过多少天，那只基金就涨到了1.03元。老王美得合不拢嘴，逢人都说自己撞上好运了，这是对他的补偿啊。

可是没多少日子，正当老王等着继续听好消息的时候，基金普遍缩水了。老王心想，就是停在1.03元自己也不会亏，只要不跌破1元，本金就还在。谁知事与愿违，几天的时间，就下跌变成了0.97元。他有些懊丧，可是这还没完，市场行情又变本加厉地往下跌。

过了几个月，那只基金变成0.9元了。他一算，啊？我都亏了10%啦！要是再不赎回来，这样下去的话钱可能就一点都没有了。老王来到银行，可理财专家告诉他说，基金是长期投资品种，不能像股票一样频繁炒作，再等等会有转机。老王心想爱怎么样就怎么样吧，反正有吃有喝也不缺这几个钱。于是他不再上银行了。

又过了几个月，老王听说股市又好了，一片飘红，大盘指数就跟井喷似的“噌噌”地往上蹿。他憋不住，于是又来到银行了。他

找到大堂经理，让人家给查查，他的那只基金这会儿多少钱了。大堂经理是个30多岁的女士，她翻开表格一看说，涨到1.4元了！老张说："真的？"那经理说："可不是真的嘛，不信您自己瞧瞧。"老王仔细看了看，可不嘛，一点儿都不假。

他当时就"呵呵"地乐了。大堂经理说，您的还没赎回啊？老王说，没有。经理说，您可真有眼光，我这学金融的都不如您。当初我跟您买的一样，不过我在1.1元的时候就都给赎回了，现在一看，我可亏多了。

到了家里，老王把这事儿跟太太说了，太太也特高兴，赶紧包饺子犒劳他。过了一段时间，那只基金又涨到了1.5元，太太说，赶快赎回吧。老王说，捂着，等再涨一涨。又过了一段时间，那只基金涨到了1.8元。老王想，已经有80%的收益了，见好就收吧。于是他赎回了基金，5万元变成了9万元，他乐得合不拢嘴：小散户还是投资基金最放心、划算。

有好多像老王一样的投资者，炒股的时候亏了，可是买基金却赚了。那么，基金到底是什么投资品种，为什么会获得中小投资者的青睐？通俗地讲，投资基金就是汇集众多分散投资者的资金，委托投资专家（基金管理人），由投资管理专家按其投资策略，统一进行投资管理，为众多投资者谋利的一种投资工具。投资基金集合大众资金，共同分享投资利润，分担风险，是一种利益共享、风险共担的集合投资方式。

为了进一步加深对"基金"这一概念的理解，我们不妨假设一下：比如你现在有一笔钱想投资债券、股票等进行增值，但自己既没有那么多精力，也没有专业知识，钱也不是很多，就想到与其他几个人合伙出资，雇一个投资高手，操作大家合出的资产进行投资增值。

但这里面，如果每个投资人都与投资高手随时交涉，那将十分麻烦，于是就推举其中一个最懂行的人牵头办这事。定期从大伙合出的资产中按一定比例提成给他，由他代为付给高手劳务费报酬，当然，他自己牵头出力张罗大大小小的事，包括挨家跑腿，有关风险的事随时提醒着点，定期向大伙公布投资盈亏情况等，不可白忙，提成中的钱也有他的劳务费。上面这种运作方式就叫做合伙投资。将这种合伙投资的模式放大一千倍、一万倍，就会成为基金。

如果这种合伙投资的活动经过国家证券行业管理部门的审批，允许这项活动的牵头操作人向社会公开募集吸收投资者加入合伙出资，这就是发行公募基金，也就是人们现在常见的基金。

基金管理公司就是这种合伙投资的牵头操作人，不过它是个公司法人，资格必须经过中国证监会审批。基金管理公司与其他基金投资者一样，也是合伙出资人之一，但由于它牵头操作，要从投资人合伙出的资产中按一定的比例每年提取劳务费（基金管理费），替投资者代雇用代管理负责操盘的投资高手（基金经理），还有帮高手收集信息搞研究的人，定期公布基金的资产和收益情况。当然，基金公司的这些活动必须经过证监会批准。

为了投资者合伙所出的这些资产的安全，确保不被基金公司挪用，中国证监会明确规定，基金的资产不能放在基金公司手里，基金公司和基金经理只管交易操作，不能碰钱，记账管钱的事要找一个擅长此事又信用高的部门负责，这个角色当然非银行莫属。于是这些出资（基金资产）就放在银行，建成一个专门账户，由银行管账记账，称为基金托管。

当然银行的劳务费（基金托管费）也得从投资者合伙的资产中按比例抽一点按年支付。所以，基金资产相对来说只有因那些高手操作不好而被亏损的风险，基本没有被挪走的风险。从法律角度说，即使基金管理公司倒闭甚至托管银行出事了，向它们追债的人都无权碰基金专户的资产，因此基金资产的安全是很有保障的。

基金是以“基金单位”做单位的，在基金初次发行时，将其基金总额划分为若干等额的整数份，每1份就是1个基金单位。例如某只基金发行时的基金总额共计30亿元，将其等分为30亿份，每1份即1个基金单位，代表投资者1元的投资额。

与股票、债券、定期存款、外汇等投资工具一样，投资基金也为投资者提供了一种投资渠道。基金相对于股票来说，更适合时间紧张、投资知识欠缺的中小投资者。这是由基金的特点决定的。基金具有以下特点：

一、专家理财是基金投资的重要特色

基金管理公司配备的投资专家，一般都具有深厚的投资分析理论功底和丰富的实践经验，用科学的方法研究各种投资产品，降低了投资的风险。

二、组合投资，分散风险

基金通过汇集众多中小投资者的资金，形成雄厚的实力，可以同时分散投资于股票、债券等多种金融产品，分散了对个股集中投资的风险。

三、方便投资，流动性强

基金最低投资量起点要求一般较低，可以满足小额投资者的需求，投资者可根据自身财力决定对基金的投资量。基金大多有较强的变现能力，使得投资者收回投资时非常便利。

四、利益共享，风险共担

基金投资者是基金的所有者。基金投资人共担风险，共享收益。基金投资收益在扣除由基金承担的费用后的盈余全部归基金投资者所有，并依据各投资者所持有的基金份额比例进行分配。为基金提供服务的基金托管人、基金管理人只能按规定收取一定的托管费、管理费，并不参与基金收益的分配。

五、独立托管，保障安全

基金管理人负责基金的投资操作，本身并不经手基金财产的保管。基金财产的保管由独立于基金管理人的基金托管人负责。这种相互制约、相互监督的制衡机制对投资者的利益提供了重要的保护。

六、严格监管，信息透明

为切实保护投资者的利益，增强投资者对基金投资的信心，中国证监会对基金业实行比较严格的监管，对各种有损投资者利益的行为进行严厉的打击，并强制基金进行较为充分的信息披露。在这种情况下，严格监管与信息透明也就成为基金的又一个显著特点。

基金投资者的八大忌

一、忌投资“多动症”

基金定投因长期复利效应，成为很多父母为子女积累资金的投资方式。但可惜的是，在高收益的诱惑面前，“多动症”成为不少人的通病。

3年前，小李定投了某混合型基金，赶上大盘高涨，嫌定投收益太慢，赎回后改投股票型基金。之后遭遇股市震荡调整，又怕资产缩水，赎回股票型基金，重新进行基金定投。此后大盘持续下跌，小李干脆将基金全部赎回。折腾了两年多时间，小李不仅没赚到钱，还赔了一些手续费。基金定投最忌讳见异思迁，中途下车。只有在市场波动中坚持稳定操作的投资者，才有可能成为胜者。

二、忌忽略风险承受能力

基金投资不同于银行储蓄，也不同于债券，投资者有可能获得较高的收益，也有可能承担一定的损失。从美国市场最近20年的统计来看，股票型基金的年化收益率是15%，投资者应有一个比较理性的收益预期。

投资者应根据年龄、收入、风险和收益等，选择适合自己的产品。首先，要注意分散投资，在储蓄、保险、资本市场中合理配置资产。其次，要选择适合自己的风险收益偏好的基金产品。股票型、混合型、债券型和货币型基金的风险从高到低，收益也有很大的差异。最后，要仔细阅读基金契约和产品说明书，考察基金管理人是否严格履行契约，比较不同基金产品之间的细微差异。

三、忌将基金等同于股票投资

许多基金投资者将基金投资混同于股票，频繁进行波段操作，但这样常常会得不偿失。基金投资者通常难以把握股市趋势和操作时机，即使正确把握了交易时机，赚取的差价是否能弥补频繁操作产生的交易费用和时间成本也未可知。以股票型基金为例，赎回费一般为0.5%，赎回后再买回来的申购费通常要1.5%，也就是说，在做波段操作时，一般只有在确保赚取的差价收益超过2%才有赚头。不容忽视的是，目前股票型基金赎回的资金到账时间一般为T+7日，这意味着一次操作要付出相当大的机会成本。另外，基金是以组合投资的方式投资于证券市场，正常情况下，它的净值不会在较短的时间内发生大幅波动，因此，投资者高抛低吸、波段操作的空间也小于股票投资。

四、忌以净值高低为投资依据

在购买基金时，要看基金的收益率，而不是看价格的高低。例如：A基金和B基金同时成立并运行，一年以后，A基金单位净值达到了2.00元/份，而B基金单位净值却只有1.2元/份。按此收益率，再过一年，A基金单位净值将达到4.00元/份，可B基金单位净值只能是1.44元/份。如果在第一年购买了相当便宜的B基金，收益就会比A基金少很多。

五、忌喜新厌旧

不少人只购买新发基金，认为新发基金是最便宜的。其实，除了一些具有鲜明特点的新基金之外，老基金比新基金更具有优势。老基金有过往业绩可以衡量基金管理人的水平，新基金业绩的考量则具有很大的不确定性。同时，新基金均要在半年内完成建仓任务，有的建仓时间更短，如此短的时间内，要把大量的资金投入到规模有限的股票市场，必然会购买老基金已经建仓的股票，为老基金抬轿。新基金在建仓时还要缴纳印花税和手续费，而建仓完的老基金没有这部分费用。有时老基金还能按发行价配售锁定的股票，将来上市就是一块稳定的收益，且研究团队一般也比新基金成熟。

六、忌以分红次数为评判标准

有的基金为了迎合投资者快速赚钱的心理，封闭期一过，马上分红，这种做法就是把投资者左兜的钱掏出来放到了右兜里，没有任何实际意义。与其把精力放在迎合投资者上，还不如把精力放在市场研究和基金管理上。投资大师巴菲特管理的基金一般是不分红的，他认为自己的投资能力要在其他人之上，钱放到他手里增值的速度更快。所以，投资者在进行基金选择时一定要看净值增长率，而不是分红多少。

七、忌一味坚守，不知转换

在证券市场发生较大变化时，也可巧用基金转换来重新配置资产。基金转换无须赎回原有基金，可直接将原有的基金份额转换成同一基金管理公司旗下的其他基金份额。

基金转换的好处不少。当股市波动较大时，将高风险股票型基金转换成低风险的货币型或债券型基金，可适当规避投资风险。当收入状况或风险承受能力发生变化，可通过转换投资于符合自身投资目标的基金产品。如果先赎回一只基金再申购另一只基金，则要付出赎回费和申购费；如果进行基金转换，就只要收取拟赎回基金的赎回费和拟申购基金与拟赎回基金之间的申购费差额。基金从赎回到再申购，所花费的时间一般需要3～7天，基金转换则可在当日

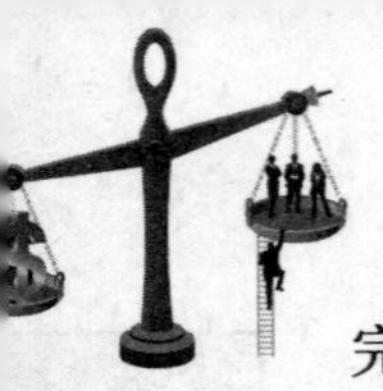

完成。

八、忌不选择购买渠道

投资者可通过银行柜台及网上代销、券商网上代销、基金公司网上直销、场内交易平台和第三方代销等渠道购买基金，但各渠道费率相差悬殊。中小银行的费率可低至6~8折，券商为4~6折，基金公司网上直销一般低至4折，第三方销售机构无费率折扣。投资者还可通过各家银行网上银行、基金公司直销以及二级市场购买ETF或者LOF基金，网上银行或券商渠道购买基金一般可以享受打折或者专项理财等优惠服务，也是一种比较明智的选择。

通过银行和券商两大代销机构购买基金，好处是可以买到大部分基金产品。而通过基金公司直销，只能购买本公司的产品，但好处是费率更加便宜，且可在不同产品间灵活转换。

成功投资基金的五大窍门

一、选择优秀基金

基金的业绩是基金经理综合业务能力的体现，同时也是基金公司投研团队整体实力的体现。从这个意义上可以说选基金实际上就是在选基金经理和基金公司。既要重点选择实力超群的大公司，也要适当选择业绩不俗的中小公司，这样能起到降低风险的作用。

二、持有基金避调整

基金是适合长期投资的工具。在牛市的条件下，持有基金的时间越长，有效投资的时间和幅度越大，带来的赢利就越丰厚。在大势向好的牛市中，长期持有是与有效投资的要求完全一致的，必须坚定不移地长期持有。但在熊市则完全相反，即在股市中期及以上的顶部赎回偏股型基金，待到股市相应的底部时再重新申购。其余时间，都要坚定不移地长期持有基金。

三、买入基金看时机

买入时机代表的是当时的大盘指数。不论是股票型基金还是配置型基金，其净值的涨跌幅度都是与大盘指数的涨跌幅度高度相关的。只有在大盘指数较低时买入才能增加有效投资时间和幅度，并为基金经理的管理和操作提供更大的空间。这就是买低不买高的原则。反之，在股市高位买入基金的消极影响极大。

四、赎回基金有计划

赎回是投资基金的最后一个环节，是实现投资收益的关键环节。在股市的中期顶部附近应该且必须赎回大部分偏股型基金，在股市的长期顶部附近应该且必须赎回全部基金。中期顶部 1 ~ 2 年能得一遇就是幸运，长期顶部 5 年能得一遇就是天大的幸运。

五、基金转换看需要

对于持有的所有基金应该密切观察其业绩变化，评估其表现，给出好中差的评价。连续两个季度评价为差的，要列入清仓基金名单，择机调整。连续两个季度评价为好的，在基金仓位限额内，可择机加仓。

一些基金公司规定旗下的某几只基金可以互相转换，为投资者调整基金品种甚至类型提供了很大的便利，且能有效地应对股市的中级以上的调整。

第二十节 债　券

债券的定义

债券是发债人为筹措资金而向投资者出具的，承诺按票面标的面额、利率、偿还期等给付利息和到期偿还本金的债务凭证。

债券的基本内容包括以下几方面：

一、发行额度

发行额度根据发行人的资金需求、所发债券种类及市场状况决定。发行额定得过高或者过低都会影响债券的发行及交易。

二、偿还期限

偿还期限根据发行人对资金需求的时间长短、利率的升降趋势、证券市场的发达程度等确定。

三、票面利率

票面利率根据债券的性质、信用级别及市场利率决定，它会直接影响发行人的筹资成本。

四、信用评级

信用评级即测定因债券发行人不履约，而造成债券本息不能偿还的可能性。其目的是把债券的可靠程度公诸投资者，以保护投资者的利益。

五、发行价格

发行价格主要取决于债券期限、票面利率和市场利率水平。发行价格高于面额为溢价发行，等于面额为平价发行，低于面额为折价发行。

六、付息方式

付息方式分为一次性付息与分期付息两大类。一次性付息有三种形式：单利计息、复利计息、贴现计息。分期付息一般采取按年付息、半年付息和按季付息三种方式。

七、偿还方式

偿还方式分为期满后偿还和期中偿还两种。主要方式有：选择性购回，即有效期内，按约定价格将债券回售给发行人。定期偿还，即债券发行一段时间后，每隔半年或一年，定期偿还一定金额，期满时还清剩余部分。

债券的分类

债券的分类主要有四大类：分别是发行主体类、担保性质类、偿还期限类、偿还与付息方式类。下面就来详细介绍这四大类具体包括的内容：

一、按发行主体分类

（1）国债：由中央政府发行的债券。它由一个国家政府的信用作担保，所以信用最好，被称为金边债券。

（2）地方政府债券：由地方政府发行，又称市政债券。它的信用、利率、流通性通常略低于国债。

（3）金融债券：由银行或非银行金融机构发行。金融债券信用高、流动性好、安全，利率高于国债。

（4）企业债券：由企业发行的债券，又称公司债券。企业债券风险高、利率也高。

（5）国际债券：国外各种机构发行的债券。

二、按担保性质分类

（1）抵押债券：以不动产作为抵押发行的债券。

（2）担保信托债券：以动产或有价证券担保。

（3）保证债券：由第三者作为还本付息的担保人。

（4）信用债券：只凭发行者信用而发行，如政府债券。

三、按偿还期限分类

（1）短期债券：一年以内的债券，通常有三个月、六个月、九个月、十二个月几种期限。

（2）中期债券：1—5 年内的债券。

（3）长期债券：5 年以上的债券。

四、按偿还与付息方式分类

（1）定息债券：债券票面附有利息息票，通常半年或一年支付一次利息，利率是固定的。定息债券又称附息债券。

（2）一次还本付息债券：到期一次性支付利息并偿还本金。

（3）贴现债券：发行价低于票面额，到期以票面额兑付。发行价与票面额之间的差就是贴息。

（4）浮动利率债券：债券利率随着市场利率变化而变化。

（5）累进利率债券：根据持有期限长短确定利率。持有时间越长，则利率越高。

（6）可转换债券：到期可将债券转换成公司股票的债券。

债券的交易程序

债券交易市场的交易程序主要包括场内交易市场和场外交易市场两部分。

一、场内债券交易程序

场内交易也叫交易所交易，证券交易所是市场的核心，在证券交易所内部，其交易程序要经证券交易所立法规定，其具体步骤明确而严格。债券的交易程序有五个步骤：开户，委托，成交，清算和交割，过户。

1．开户

债券投资者要进入证券交易所参与债券交易，首先必须选择一家可靠的证券经纪公司，并在该公司办理开户手续。

（1）订立开户合同。开户合同应包括如下事项：

——委托人的真实姓名、住址、年龄、职业、身份证号码等；

——委托人与证券公司之间的权利和义务，并同时认可证券交易所营业细则和相关规定等作为开户合同的有效组成部分；

——确立开户合同的有效期限，以及延长合同期限的条件和程序。

（2）开立账户。在投资者与证券公司订立开户合同后，就可以开立账户，为自己从事债券交易作准备。在我国上海证券交易所允许开立的账户有现金账户和证券账户。

现金账户只能用来买进债券并通过该账户支付买进债券的价款，证券账户只能用来交割债券。因投资者既要进行债券的买进业务又要进行债券的卖出业务，故一般都要同时开立现金账户和证券账户。

上海证券交易所规定，投资者开立的现金账户，其中的资金首先要交存证券商，然后由证券商转存银行，其利息收入将自动转入该账户；投资者开立的证券账户，则由证券商免费代为保管。

2．委托

投资者在证券公司开立账户以后，要想真正上市交易，还必须与证券公司办理证券交易委托关系，这是一般投资者进入证券交易所的必经程序，也是债券交易的必经程序。

（1）委托方式的分类：

——买进委托和卖出委托；

——当日委托和多日委托；

——随行就市委托和限价委托；

——停止损失委托和授权委托；

——停止损失限价委托、立即撤销委托、撤销委托；

——整数委托和零数委托。

（2）委托关系的确立。投资者与证券公司之间委托关系的确立，其核心程序就是投资者向证券公司发出“委托”。投资者发出委托必须与证券公司的办事机构联系，证券公司接到委托后，就会按照投资者的委托指令，填写“委托单”，将投资交易债券的种类、数量、价格、开户类型、交割方式等一一载明。

而且“委托单”必须及时送达证券公司在交易所中的驻场人员，由驻场人员负责执行委托。投资者办理委托可以采取当面委托或电话委托两种方式。

3．成交

证券公司在接受投资客户委托并填写委托说明书后，就要由其驻场人员在交易所内迅速执行委托，促使该种债券成交。

（1）债券成交的原则。在证券交易所内，债券成交就是要使买卖双方在价格和数量上达成一致。这个程序必须遵循特殊的原则，又叫竞争原则。这种竞争原则的主要内容是“三优先”，即价格优先，时间优先，客户委托优先。

价格优先就是证券公司按照交易最有利于投资委托人的利益的价格买进或卖出债券。时间优先就是要求在相同的价格申报时，应该与最早提出该价格的一方成交。客户委托优先主要是要求证券公司在自营买卖和代理买卖之间，首先进行代理买卖。

（2）竞价的方式。证券交易所的交易价格按竞价的方式进行。竞价的方式包括口头唱报，板牌报价以及计算机终端申报竞价三种。

4. 清算和交割

债券交易成立以后就必须进行券款的交付，这就是债券的清算和交割。

（1）债券的清算。债券的清算是指对同一证券公司在同一交割日对同一种债券的买和卖相互抵消，确定出应当交割的债券数量和应当交割的价款数额，然后按照“净额交收”原则办理债券和价款的交割。

一般在交易所当日闭市时，其清算机构便依据当日“场内成交单”所记载的各证券商的买进和卖出某种债券的数量和价格，计算出各证券商应收应付价款相抵后的净额以及各种债券相抵后的净额，编制成当日的“清算交割表”，各证券商核对后再编制该证券商当日的“交割清单”，并在规定的交割日办理交割手续。

（2）债券的交割。债券的交割就是将债券由卖方交给买方，将价款由买方交给卖方。

在证券交易所交易的债券，按照交割日期的不同，可分为当日交割、普通日交割和约定日交割三种。如上海证券交易所规定，当日交割是在买卖成交当天办理券款交割手续；普通交割日是买卖成交后的第四个营业日办理券款交割手续；约定交割日是买卖成交后的15日内，买卖双方约定某一日进行券款交割。

5. 过户

债券成交并办理了交割手续后，最后一道程序是完成债券的过户。过户是指将债券的所有权从一个所有者名下转移到另一个所有者名下。基本程序包括：

（1）债券原所有人在完成清算交割后，应领取并填过户通知书，加盖印章后随同债券一起送到证券公司的过户机构。

（2）债券新的持有者在完成清算交割后，向证券公司索要印章卡，加盖印章后送到证券公司的过户机构。

（3）证券公司的过户机构收到过户通知书、债券及印章卡后，加以审查，若手续齐备，则注销原债券持有者证券账上相同数量的该种债券，同时在其现金账户上增加与该笔交易价款相等的金额。对于债券的买方，则在其现金账户上减少价款，同时在其证券账户上增加债券的数量。

二、场外债券交易程序

场外债券交易就是证券交易所以外的证券公司柜台进行的债券交易，场外交易又包括自营买卖和代理买卖两种。

1. 代理买卖债券程序

场外代理买卖就是投资者个人委托证券公司代其买卖债券，证券公司仅作为中介而不参与买卖业务，其交易价格由委托买卖双方分别挂牌，达成一致后形成。场外代理买卖的程序包括：

（1）委托人填写委托书。委托书的内容包括委托人的姓名和地址、委托买卖债券的种类、数量和价格、委托日期和期限等。委托卖方要交验身份证。

（2）委托人将填好的委托书交给委托的证券公司。其中买方要交纳买债券的金额保证金，卖方则要交出拟卖出的债券，证券公司为其开临时收据。

（3）证券公司根据委托人的买入或卖出委托书上的基本要素，分别为买卖双方挂牌。

（4）如果买方、卖方均为一人，则通过双方讨价还价，促使债券成交；如果买方、卖方为多人，则根据“价格优先，时间优先”的原则，顺序办理交易。

（5）债券成交后，证券公司填写具体的成交单。成交单的内容包括成交日期、买卖双方的姓名、地址及交易机构名称、经办人姓名、业务公章，等等。

（6）买卖双方接到成交单后，分别交出价款和债券。证券公司收回临时收据，扣收代理手续费，办理清算交割手续，完成交易过程。

2. 自营买卖债券的程序

场外自营买卖债券就是由投资者个人作为债券买卖的一方，由证券公司作为债券买卖的一方，其交易价格由证券公司自己挂牌。自营买卖程序十分简单，具体包括：

（1）买入、卖出者根据证券公司的挂牌价格，填写申请单。申请单上载明债券的种类、提出买入或卖出的数量。

（2）证券公司按照买入、卖出者申请的券种和数量，根据挂牌价格开出成交单。成交单的内容包括交易日期、成交债券名称、单价、数量、总金额、票面金额、客户的姓名、地址、证券公司的名称、地址、经办人姓名、业务公章等，必要时还要登记卖出者的身份证号。

（3）成交后，证券公司向客户交付债券或现金，完成交易。

投资公司债券需注意的几个问题

一、投资者需掌握交易时间

公司债券的大宗交易可进行意向申报和成交申报。目前，一般而言，接受大宗交易申报的时间为每个交易日9：15至11：30、13：00至15：30。每个交易日15：00至15：30，交易主机对买卖双方的成交申报进行成交确认。成交价格由买卖双方在前日收盘价的上下30%或当日已成交的最高、最低价之间自行协商确定。

二、应关注的几类风险

投资公司债券，首先要考虑其信用等级。资信等级越高的债券发行者，其发行的债券的风险就越小，对我们投资者来说收益就越有保证；资信等级越低的债券发行者，其发行的债券的风险就越大，

虽然它的利率会相对高一点，但与投资的本金相比哪一个更重要，相信投资者自己会权衡。

公司债券投资存在的风险大致有如下几种：

1．利率风险

利率是影响债券价格的重要因素之一，当利率提高时，债券的价格就降低，此时便存在风险。债券剩余期限越长，利率风险就越大。

2．再投资风险

购买短期债券，而没有购买长期债券，会有再投资风险。例如，长期债券利率为14%，短期债券利率为13%，为减少利率风险而购买短期债券。

但在短期债券到期收回现金时，如果利率降低到10%，就不容易找到高于10%的投资机会，还不如当时投资于长期债券，仍可以获得14%的收益，归根到底，再投资风险还是一个利率风险问题。

3．回购风险

具体到有回购条款的债券，因为它常常有强制回购的可能，而这种可能又常常是市场利率下降、投资者按券面上的名义利率收取实际增额利息的时候，我们投资者的预期收益就会遭受损失，这就叫回购风险。

4．流动性风险

流动性差的债券使得投资者在短期内无法以合理的价格卖掉债券，从而遭受降低损失或丧失新的投资机会。

5．信用风险

信用风险是指发行债券的公司不能按时支付债券利息或偿还本金，而给债券投资者带来的损失。

6．通货膨胀风险

通货膨胀风险，是指由于通货膨胀而使货币购买力下降的风险。

通货膨胀期间，投资者实际利率应该是票面利率扣除通货膨胀率。若债券利率为10%，通货膨胀率为8%，则实际的收益率只有2%，购买力风险是债券投资中最常出现的一种风险。

针对上述不同的风险，主要防范措施有：针对利率风险、再投资风险和通货膨胀风险，可采用分散投资的方法，购买不同期限的债券、不同证券品种配合的方式。

针对流动性风险，投资者应尽量选择交易活跃的债券，另外在投资债券之前也应考虑清楚，应准备一定的现金以备不时之需，毕竟债券的中途转让不会给债券持有人带来好的回报。

而防范信用风险、回购风险，就要求我们选择债券时一定要对公司进行调查，通过对其报表进行分析，了解其盈利能力和偿债能力、经营状况和公司的以往债券支付等情况，尽量避免投资经营状况不佳或信誉不好的公司债券，在持有债券期间，应尽可能地对公司经营状况进行了解，以便及时作卖出债券的抉择。

三、派息、兑付与股票不同

与股票不同，公司债券有固定的派息、兑付日期。一般而言，上市公司债券的派息、兑付款项在发债公司支付给中国证券登记结算公司后，由结算公司划给投资者开户的证券公司，再由证券公司代为扣除利息税（现已不扣利息税）后，将剩余款项在派息、兑付日（如遇节假日顺延）支付给投资者。

新手投资债券的三要三不要

新手投资债券要做到以下三要三不要，以使自己投资顺利。

一要：要关心宏观经济发展趋势，尤其是国家货币政策和财政政策的变化。

二要：要关心周边金融市场形势，尤其是股票市场、基金市场

和票据市场的变动情况。

三要：要了解游戏规则，以平和的心态参与债券投资，自己拿主意以及耐心持有。

一不要：不要把思路局限于某个单一品种。投资企业债是不错的选择。如果你拥有的是企业债券，不管企业内部人控制程度如何，作为企业的债权人，都可以到期收取定额的本金和利息，除非企业在到期前破产清算。即使企业破产，债券持有人相对于股东拥有优先清偿权，企业只有清偿所有债务后，如果还有余额股东才能得到部分补偿。

二不要：不要盲目买卖和一成不变地不作策略调整。一个好的投资策略应该充分考虑投资期限、风险承受度和未来的流动性需求等。投资者要对达到什么样的投资目标做到心中有数，愿意和能够承担因此而产生的投资风险。如果想从债券市场上获取更多收益，就要了解后再购买，同时，还要尊重市场、顺应市场，并根据市场的变化积极调整。

三不要：不要将债券当做股票来炒作，经常做超短线。债券市场相对股票市场而言，更要关注大势，即国家政策和经济形势。债市的频繁交易有可能会吞噬大部分的投资回报。实践证明，在债市的中长期持有策略要远优于积极交易快进快出超短线的方法。

第二十一节 期 货

期货入门基础知识大全

一、期货市场

期货市场是进行期货交易的场所，是多种期货交易关系的总和。它是按照“公开、公平、公正”原则，在现货市场基础上发展起来的高度组织化和高度规范化的市场形式，既是现货市场的延伸，又是市场的又一个高级发展阶段。从组织结构上看，广义上的期货市场包括期货交易所、结算所或结算公司、经纪公司和期货交易员；狭义上的期货市场仅指期货交易所。

二、期货交易所

期货交易，所是买卖期货合约的场所，是期货市场的核心。它是一种非营利机构，但是它的非营利性仅指交易所本身不进行交易活动，不以盈利为目的不等于不讲利益核算。在这个意义上，交易所还是一个财务独立的营利组织，它在为交易者提供一个公开、公平、公正的交易场所和有效监督服务基础上实现合理的经济利益，包括会员会费收入、交易手续费收入、信息服务收入及其他收入。它所制定的一套制度规则为整个期货市场提供了一种自我管理机制，使得期货交易的“公开、公平、公正”原则得以实现。

三、期货交易

期货交易，指买卖双方成交后不即时交割，而是按契约规定的

成交价格、数量，到约定的交割期限后再履行交割手续的交易。

四、期货合约

期货合约是一种在将来的某个时间交割一定数量和质量等级的商品的远期合约或协议。期货合约在已经批准的交易所的交易厅内达成，具有法律的约束力。相对于现货的远期合约来说，期货合约具有标准化格式、便于转手买卖、实货交割比例小、履约率甚高的特点。期货交易所为期货合同规定了标准化的数量、质量、交割地点、交割时间，至于期货价格则是随市场行情的变动而变动的。

五、远期合约

远期合约是根据买卖双方的特殊需求由买卖双方自行签订的合约。

六、掉期合约

掉期合约是一种交易双方签订的在未来某一时期相互交换某种资产的合约。更为准确地说，掉期合约是当事人之间签订的在未来某一期间内相互交换他们认为具有相等经济价值的现金流的合约。较为常见的是利率掉期合约和货币掉期合约。

七、期货经纪商

期货经纪商是指依法设立的以自己的名义代理客户进行期货交易并收取一定手续费的中介组织，一般称为期货经纪公司。

八、场内交易

场内交易又称交易所交易，指所有的供求方集中在交易所进行竞价交易的交易方式。这种交易方式具有交易所向交易参与者收取保证金、同时负责进行清算和承担履约担保责任的特点。

九、场外交易

场外交易又称柜台交易，指交易双方直接成为交易对手的交易方式。这种交易方式有许多形态，可以根据每个使用者的不同需求设计出不同内容的产品。

十、上市品种

上市品种，指期货合约交易的标的物，如合约所代表的玉米、铜、石油，等等。并不是所有的商品都适合做期货交易，在众多的实物商品中，一般而言，只有具备下列属性的商品才能作为期货合约的上市品种：一是价格波动大。二是供需量大。三是易于分级和标准化。四是易于储存、运输。根据交易品种，期货交易可分为两大类：商品期货和金融期货。以实物商品，如玉米、小麦、铜、铝等作为期货品种的属于商品期货。以金融产品，如汇率、利率、股票指数等作为期货品种的属于金融期货。金融期货品种一般不存在质量问题，交割大多采用差价结算的现金交割方式。我国上市品种主要有铜、铝、大豆、小麦和天然橡胶。

十一、商品期货

商品期货是指标的物为实物商品的期货合约。商品期货历史悠久，种类繁多，主要包括农副产品、金属产品、能源产品等几大类。具体而言，农副产品约20种，包括玉米、大豆、小麦、稻谷、燕麦、大麦、黑麦、猪肚、活猪、活牛、小牛、大豆粉、大豆油、可可、咖啡、棉花、羊毛、糖、橙汁、菜籽油等，其中大豆、玉米、小麦被称为三大农产品期货；金属产品9种，包括金、银、铜、铝、铅、锌、镍、耙、铂；化工产品5种，有原油、取暖用油、无铅普通汽油、丙烷、天然橡胶；林业产品两种，有木材、夹板。

十二、金融期货

金融期货，指以金融工具为标的物的期货合约。金融期货作为期货交易中的一种，具有期货交易的一般特点，但与商品期货相比较，其合约标的物不是实物商品，而是传统的金融商品，如证券、货币、汇率、利率，等等。

十三、利率期货

利率期货是指以债券类证券为标的物的期货合约，它可以回避

银行利率波动所引起的证券价格变动的风险。

十四、货币期货

货币期货又称外汇期货，它是以汇率为标的物的期货合约，用来回避汇率风险。

十五、股票指数期货

股票指数期货是一种以股票价格指数作为标的物的金融期货合约。

十六、期权

期权又称选择权，期权交易实际上是一种权利的买卖。这种权利是指投资者可以在一定时期内的任何时候，以事先确定好的价格（称协定价格），向期权的卖方买入或卖出一定数量的某种“商品”，不论在此期间该“商品”的价格如何变化。期权合约对期限、协定价格、交易数量、种类等作出约定。在有效期内，买主可以自由选择行使转卖权利；如认为不利，则可以放弃这一权利；超过规定期限，合同则失效，买主的期权也自动失效。期权有看涨期权和看跌期权之分。

十七、看涨期权

看涨期权是指在期权合约有效期内按执行价格买进一定数量标的物的权利。

什么是期货投资

简单地说，期货就是到未来一定“日期”才交货的“商品”，指买卖的是未来才交付的东西。

这种买卖方式，在我们的日常生活中其实常常可以看到。比如你去订一桌酒席，定做一套西服，订购一部汽车，买“预售屋”，事实上都是在进行期货交易。因为这些交易都不是一手交钱，一手交货，钱货两讫的买卖。

所以，期货交易本来就是“买空卖空”，不过目前我们通称的期货交易并不像前面所提到的零星进行交易的买卖，而是通过集中市场（所谓期货市场）做全球性的交易，而交易的商品也变成一种规格化了的期货合约，合约中载明了买卖双方在某特定日期要交割某特定质量、数量的商品。

历经数年的酝酿、立法与筹备，期货投资终于在1994年4月间几家合法的期货公司陆续开张后，合法地成为国人的另一种投资渠道。谈到期货，有些人马上联想到“投机”、“风险高”、“买空卖空”、“输赢惊人”而心存戒惧，甚至认为是沾染不得的赌博。

就实质来说，期货确实是高风险高回报的投资，所以参与这类的投资，必须具备正确的投资观念和足够的相关知识，并且要小心应对，才可能享受到以“倍”论计的诱人收益。

这样的期货交易还有一点与我们订购汽车或房子不同，那就是买卖合约的人多数并不真正交割，他们不是用来规避风险，就是在合约转手间赚取差价利润。期货市场既然是“买空卖空”，所以不必像买卖股票一样付清股款，通常只需要少量的保证金——合约价值的3%～10%，就可以买卖巨额的期货合约，而且盈亏是以合约价值的涨跌来计算的，所以在价格激烈变化时，就可以发挥“四两拨千斤”的财务杠杆作用，以小搏大，赚取巨额差价或赔去大笔资金。

由于期货交易所具有的特性，一般人才会说风险高，输赢大。因此从事期货交易，必须具备高度的风险意识，小心应对。

新手如何操作期货交易

一、参与期货交易的基本条件

（1）国家法律、法规允许的任何自然人和法人。

（2）有承担风险的能力和心理准备。期货市场是高风险、高回

报的市场，在期望得到的高回报前，应考虑清楚自己是否具有风险承受能力，参与期货的资金应该是自己“亏得起”的钱，切忌借钱做期货。至于参与期货交易的资金量，一般几万元就可以开户交易。

(3) 选择合法、正规的期货公司。首先，合法的期货公司应持有国家工商行政管理总局颁发的《工商营业执照》和中国证监会颁发的《期货经纪业务许可证》；其次，公司运作规范、资信良好也是应该考虑的重要因素。

(4) 选好居间人。这是针对不愿自己交易的投资者而言的。所谓居间人，就是帮助投资者收集相关信息，提供买卖建议的人，他们以收取佣金等方式作为报酬。

投资者与居间人的关系属私下约定的，因此选择居间人应充分考虑其道德水平、专业能力和操盘风格是否适合你。反过来，也应该让居间人了解你的风险偏好度和承受能力，使居间人达到最佳工作状态。

在期货市场中，很大部分成交量是由居间人完成的。从我们了解的实际情况来看，的确有一些十分优秀的专业居间人，为投资者创造了巨大的利润。

二、参与期货交易的基本程序

1．开户

开户时，投资者要仔细阅读并理解《期货交易风险说明书》，对期货交易的风险要做到心里有数。签署《期货经纪合同》以及《期货市场投资者开户登记表》，确立客户与期货经纪公司间的经纪关系。期货经纪公司即向各期货交易所申请客户的交易编码（类似于股票交易中的股东代码）和统一分配客户资金账号。

《期货经纪合同》中最重要的两点是，明确了交易指定人，约定出金时的印鉴和出金方式。远程客户，可网上办理。

2．入金、出金

客户的资金只能在客户指定的银行结算账户与其期货账户间转移；客户可在网上通过银行转账系统自助办理。

3．交易方式

国内期货交易委托方式有：书面委托下单、自助终端委托下单、网上自助委托下单、电话委托下单。

我国期货交易竞价方式为计算机撮合成交的竞价方式，这与股票是一致的，并遵循价格优先、时间优先的原则；在出现涨跌停板的情况时，则要遵循平仓优先的原则。

4．结算

每天交易结束后，期货公司对客户期货账户进行无负债结算，即根据当日交易结果对交易保证金、盈亏、手续费、出入金、交割货款和其他相关款项进行的计算、划拨，客户账户所有交易及资金情况都能通过电脑自助查询。

期货的“强行平仓”是根据每天的账户情况来定的，当账户中客户权益小于账户中头寸所需保证金时，也就是账户出现负数时，期货公司就要求客户在规定时间内补足差额，否则，期货公司有权部分或全部平仓账单中的头寸。

5．账单确认

客户对当日交易账户中记载事项有异议的（远程客户可通过网上查询），应当在下一交易日开市前向期货经纪公司提出书面异议；客户对交易账户记载事项无异议的，视为对交易结算的自动确认。

6．销户

客户不需要保留其资金账户时，在对其资金账户所有交易和资金进出确认无误，且资金账户中无资金和持仓，填写《销户申请表》，即可办理销户。远程客户可以用约定方式异地办理。

期货交易日常必备

一、行情系统和交易软件

目前期货交易已大多通过互联网完成。客户在完成开户后，期货经纪公司会告知客户行情系统软件与交易系统软件的下载网址，并提供对应的账户号和交易初始密码。客户在计算机上安装所下载的软件后，即可上网看到实际行情，并查阅自己账户交易及资金情况。

二、日常相关信息的收集

期货交易是以现货交易为基础的。期货价格与现货价格之间有着十分紧密的联系。

在现实市场中，期货价格不仅受商品供求状况的影响，而且还受其他许多非供求因素的影响。这些非供求因素包括：金融货币因素、政治因素、政策因素、投机因素、心理预期，等等。这些信息在各大期货公司网站上和期货专业网站上，都能查到每天的最新情况。

三、值得关注的国外期货品种

随着世界经济的全球化，世界各地的商品价格波动呈现密切的相关性。

从国内商品期货的品种来看，就与国际市场有不同程度的联动性。值得关注的国外期货品种有：英国伦敦金属交易所的铜、铝；美国商品交易所的铜；美国芝加哥期货交易所的黄豆、豆粕、小麦、玉米；日本东京商品交易所的橡胶；美国纽约商业交易所的原油、燃料油；美国纽约棉花交易所的棉花；新加坡国际金融交易所的燃料油，等等。

在公司制定的行情看盘软件中，投资者每天都能查到这些最新数据。

期货行情指标的几个特点

期货行情的技术分析研判方式与股票大致相同，但有几个特殊的地方应引起证券投资者的注意。因此，投资者应根据期货的具体情况，适当修正对这几个技术参数原有的看法。

一、成交量

期货的成交量是当天内买和卖成交量的总和，以双向计算。但其中买、卖都可能有开仓或平仓，这是与股票不同的地方，所以，期货的成交量数值，就包含了买、卖、开仓、平仓不同组合的信息，它比股票的成交量所反映的信息要多些。

二、持仓量

期货的持仓量是指买和卖双方都还没有平掉的头寸的总和，是双向计算的。也就是说，我们看到的持仓量数据中，有一半是买持仓，一般是卖持仓。这与股票也有很大的不同，持仓量的变化也是对行情影响较大的指标。

三、K线图

由于期货行情价格波动一般比股票频繁，在研判行情时，特别是在做T+0时，建议多参考分时图，例如5分钟K线图。当然，这里还要根据个人交易习惯来定。

由于期货不同品种行情的特点，这里不可能对这三点进一步做出统一的结论，需要大家根据自己的情况，在实践中找出自己不同的看法才是有效实用的。从实际情况来看，的确有一些操盘手对这些问题有自己精辟的理解，并以此取得惊人的战绩。

加强风险控制

现在我们对期货已有了初步认识，但由于期货交易是投机市场中风险最高的交易之一，所以这里必须加以强调，并针对期货风险的三大主要来源加以阐述。

期货交易的最大风险来源是“杠杆作用”。客户每次交易的资金投入被放大了几十倍，使客户的账户承担着比其他投机方式更大的压力，因而更容易出现“爆仓”等问题。这就要求投资者首先考虑到自己“根基”的安全，而不是利润。特别是适应了其他投机方式的证券投资者应高度重视这点，不要用习惯的思维方式高比例建仓，通常情况下是三分之一以下的持仓比例很适合期货的特点，而且最好是分步建仓。只有这样，我们才能安全地享受“杠杆作用”带来的高比例利润。这与满仓赚来的利润有本质的区别。

期货交易的第二大风险是涨跌方向无绝对性。这与股票等投机是相似的。但要注意到期货的“双向交易机制”的影响，涨跌都有亏或赚的可能，也就随时存在“改错”的机会。综合这些因素，使我们在参与期货交易时根本不用考虑错过机会的问题，而要随时评估行情的风险大小，再找出适合于自己的风险度时才能决定下单，这样才有可能将风险控制到最低。

期货交易的第三大风险是人性的问题。在股票交易中也有类似问题，但投资者在期货交易时，其弱点被“杠杆作用”放大后，将产生更大的风险，而人性弱点是投资者无法回避也无法改变的。唯一可做的是：要明白自己的“短处”，扬长避短。成功的交易者告诉我们，只有在轻松、理智、愉快的情绪下才能作出正确的交易，其他任何情绪下都不要做任何交易，甚至不要看盘，这就是常说的心态问题。好的心态是投机者必须具备的基本素质，更是加强风险控制的重要方面。

总之，基于期货的三大根本性风险源的存在，那么，进行期货交易的所有行为必须符合的原则是：第一，轻仓量少；第二，只做适合自己风险偏好的行情，勤于放弃；第三，心态是做投机交易的基本素质，扬长避短才是唯一选择。

提高期货交易能力的建议

由于目前国内期货与国际市场接轨较好，因而期货行情的技术性更强。在期货与股票市场上，交易能力的提高方法都差不多。这里提出我们的一些建议，希望能够从实用的角度，指出提高交易能力的努力方向，以供投资者参考。

交易能力可分为自己行为控制能力和行情分析能力。从实际效果来看，这两方面能力的综合提高才是取得良好战绩的保证。

(1) 行为控制能力相对是主观的，可以脱离行情来思考这个问题。投资者参与这个千变万化的期货交易，尤其需要依靠一些固定因素来自控，使投机交易更趋于可控制。

例如，止损问题就可纳入固定因素范围，也就是说，把止损幅度固定下来。我们面对的是多变的市场，无法绝对保证可靠性，不应该将止损的时机、幅度的决定依赖于所谓的技术分析，因为那样就使止损变得不确定，可能会失去止损的作用。只有将止损幅度固定下来，到位就执行，这样才能使止损起到保证资金安全的作用。

须知多次止损累计成本也很高。我们应该做到每次止损后间隔一段时间，远离市场，将自己调整到接近你第一次交易时的心态，这就使每次交易连续出错的概率大大降低，止损也就不会有很高的累计成本。

至于能否长期坚持这种做法，专家调查结果显示：超过20%的

人有很强的自控能力，特别是在认识到问题的重要性时，因而很多人可以依靠律己来保全自己。

成功的交易者都有自己的一套交易准则，将类似止损、持仓量等行为手段固定化、纪律化后，可使自己的交易模式更趋稳定。但是交易模式的固定因素太多又会使模式僵化，不适应多变的市场。这就产生一个“度”的问题，也就是自己交易模式中固定因素和可变因素的比例问题，这也是“度”的把握努力方向之一。

另外，止盈应该用技术分析手段来控制，这样才能享受到高风险投机带来的乐趣和成果。

（2）行情分析能力相对更容易引起大家的重视，特别是技术分析，这方面能力的提高有大量的相关书籍可供参考。

我们应该首先认清一个前提：资本市场的价格波动的本质是“变”，没有一个完整的技术分析能精确描绘市场细节，要敢于承认任何分析都是不确切的分析，而一些真正赚钱的赢家靠这种不确切的分析也能赢得市场。这就说明提高行情分析能力并不是在纯技术指标层面上往极致去努力，而是通过反复学习、实践找出适合自己的一套理念。大量的技术分析书中一定有一些或几条理念适合于你，找出这些并在实践中修正，形成自己的一套理念，这也是需要努力的方向。

以下提出几点建议，也许对你有所帮助。

（1）在交易中总结出一套适合自己，成熟稳定的交易风格。这是指基于具体品种风格，不同品种有不同特性，从它与你的特性和谐度来形成你的风格，包括你面对它的风险偏好，持仓量，不同阶段的甄别能力，长短线，等等。

（2）制定一套完善、严格的风险管理体系。始终要考虑自己本金的安全问题，在这一方面要有尽量多的固定因素，你本该有足够的主动权，可千万别把这权力悄悄地交给了行情、没有人是被止损亏完的。

(3) 磨炼自己在等待机遇来临前的足够耐心，养成稳步渐进的交易心态。在这一方面需要足够的经验的支持，这些素质是建立在自己理念的基础上的，而绝不能建立在技术分析能力上。

提高风险组合的效益

在金融发展的今天，股票、国债、期货等各种风险投资手段丰富多彩，而风险投资的最大课题就是要提高回报与风险的比率。利用期货，将使你有效平衡一个全面的投资组合的风险。

芝加哥期货交易所的交易手册《管理期货——投资组合多样化机会》中表明，具有最大风险和最小回报的投资方式是：55%投资在股票、45%投资于债券和0%的期货。相反，回报最大和风险最小的投资方式则是：45%在股票上、35%在债券上、20%在期货上。

这个研究结论的价值和有效性，已被华尔街那些进行投资分配研究的专业人士所证实。著名的高盛公司进行了覆盖25年交易区间的一项研究，得到结论为："一个期货投资占资产总值20%的投资组合，比单单包括股票和债券的投资组合的收益率要高出50%以上。"

究其主要原因，股票和债券的投资组合本身，相对缺乏应有的风险投资"活力"，同时，组合中影响其回报和风险的因素与期货完全不同，这就使期货有机地与股票债券结合后，更多地涵盖了市场因素，产生相互补充、平衡的作用。我们可以通俗地理解为"东边不亮西边亮"。

在实际运用这两种风险投资组合中，一定要注意股票、债券、期货三种投资应交由不同专业的人来管理，才能更大限度地降低各种投资的相关性，以求达到最佳效果。

这就是“不要把所有鸡蛋放在同一个篮子”的概念的具体体现，是在投资中充分利用各种风险的办法，是提高风险投资组合价值的有效途径。特别是股票指数期货推出后，这种组合更具价值潜力。

套期保值

期货市场有两大功能：发现价格和套期保值。

套期保值严格定义指：生产经营者同时在期货市场和现货市场进行买卖方向相反的交易，使一个市场的盈利弥补另一个市场的亏损，从而在两个市场建立对冲机制，以规避现货市场的价格波动风险。

这里我们简单介绍现货商的套期保值和证券投资者的套期保值。

一、现货商的套期保值

从理论上讲，现货市场上商品价格涨跌与期货的涨跌是同步的。

假设一铜厂每季生产1万吨电解铜，厂家考虑到一个季度后铜生产出来时如果价格跌了，就可能没有利润。于是在生产之前，先在期货市场卖出1万吨合约（期货市场永远有无数买家和卖家），一个季度后，铜的现货市场价格无论涨跌，都可将生产出的现货随行就市卖掉，同时又在期货市场上买回1万吨合约冲销先前的头寸。这时，对于厂家的总账来说，保证了生产1万吨铜之前所预计的利润。

这就使现货商的套期保值。利用期货，能保证原先预计的利润，而不怕货物价格涨跌。

二、证券投资者的套期保值

对于股指期货，证券投资者与现货商一样，可以用期货进行套期保值。

通俗地讲，股指期货，就是把国内股票大盘指数当做期货商品来买卖。

假定证券投资者买得某只股票与大盘指数的涨跌趋势是同方向的。当证券投资者买入这只股票后不久，明显感到大盘会下跌，自己股票有亏损的危险，而又不愿“割肉”，这时可在股指期货上卖出一定量的合约。这样，即使将来所买的股票亏了，在股指期货合约上就有赚，以此抵消亏损，使证券投资者的总账不致因遇到熊市而损失。这就是证券投资者的套期保值的方法。

利用这个思路，证券投资者可根据各自不同的情况、操作习惯，制定相应的套利方法，以增加盈利。

第二十二节 外 汇

外汇投资，是指投资者为了获取投资收益而进行的不同货币之间的兑换行为。外汇是“国际汇兑”的简称，有动态和静态两种含义。动态的含义指的是把一国货币兑换为另一国货币，借以清偿国际间债权债务关系的一种专门的经营活动。静态的含义是指可用于国际间结算的外国货币及以外币表示的资产。通常所称的“外汇”这一名词是就其静态含义而言的。

外汇投资的方式

一、即期外汇交易

即期外汇交易是指在外汇买卖成交后，原则上在两个工作日内办理交割的外汇交易。即期交易采用即期汇率，通常为经办外汇业务银行的当日挂牌牌价，或参考当地外汇市场主要货币之间的比价加一定比例的手续费。

二、套汇交易

套汇交易是指交易者利用不同地点、不同货币种类、不同的交割期限的汇率差异，进行贱买贵卖从中谋利的交易行为。套汇可分为两角套汇和三角套汇（利用交叉汇率）。套汇具有无风险、金额大、易逝等特性。

三、远期外汇交易

远期外汇交易是指外汇买卖成交后，货币交割（收、付款）在两个工作日以后进行的交易。外汇市场上的远期外汇交易最长可以做到一年，1—3个月的远期交易是最为常见的。远期交易又可分为有固定交割日的远期交易和择期远期外汇交易。

四、套利交易

套利交易是指利用两个国家之间的利率差异，将资金从低利率国家转向高利率国家，从而谋利的行为。可分为无抛补套利（没有外汇抛补交易，套利收益缺乏保障）和抛补套利（利用不同货币的利率差异，通过远期外汇买卖，消除汇率波动风险，获取无风险套利收益。）

五、掉期交易

掉期交易是指买卖双方在一段时间内按事先规定的汇率相互交换使用另一种货币的外汇买卖活动，通常包含两个方向相反的交易。可分为即期对远期互换（买进或卖出一笔现汇的同时，卖出或买进一笔期汇）、即期对即期互换（采用隔日互换，使市场上的参与者轧平外汇头寸以及管理外汇资金）和远期对远期互换（对不同交割期限的期汇双方作货币金额相同而方向相反的两个交易）。

六、外汇期货交易

外汇期货交易是一种交易双方在有关交易所内通过公开叫价的拍卖方式，买卖在未来某一日期以既定汇率交割一定数量外汇的期货合同的外汇交易。

七、外汇互换交易

外汇互换交易是指交易双方通过远期合约的形式约定在未来某一段时间内互换一系列的货币流量的交易。

八、外汇期权交易

外汇期权又称货币期权，是一种选择契约，其持有人即期权买方享有在契约届期或之前以规定的价格购买或销售一定数额某种外汇资产的权利，而期权卖方收取期权费，则有义务在买方要求执行

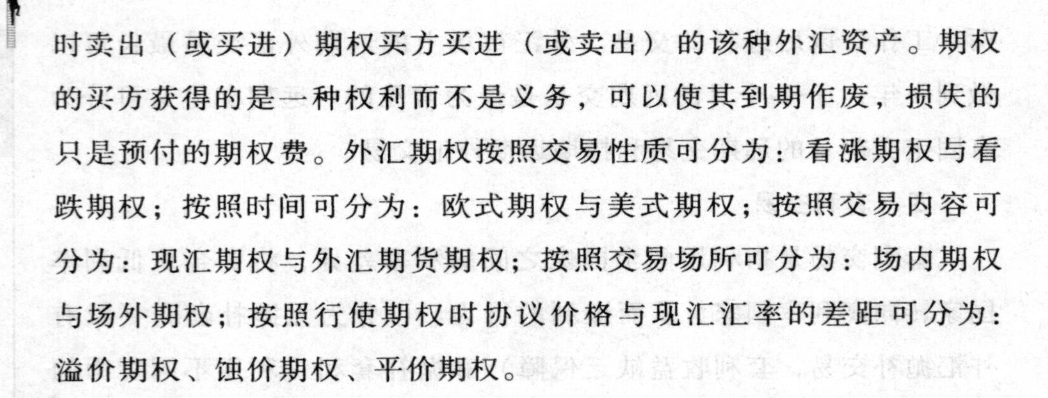

时卖出（或买进）期权买方买进（或卖出）的该种外汇资产。期权的买方获得的是一种权利而不是义务，可以使其到期作废，损失的只是预付的期权费。外汇期权按照交易性质可分为：看涨期权与看跌期权；按照时间可分为：欧式期权与美式期权；按照交易内容可分为：现汇期权与外汇期货期权；按照交易场所可分为：场内期权与场外期权；按照行使期权时协议价格与现汇汇率的差距可分为：溢价期权、蚀价期权、平价期权。

外汇投资的费用

外汇交易，免佣金，费用主要产生于投资者选择的银行和交易工具。

而对于一般投资者，认为各种金融商品买卖，除了价差之外，投资人还必须额外负担佣金或手续费。但是外汇交易是免佣金的，交易费用主要产生于投资者选择的银行和交易工具。

如今，北京、上海、广州等地的中国银行、工商银行、交通银行、建设银行等银行均已开办个人外汇买卖开户业务。凡持有有效身份证件、拥有完全民事行为能力的境内居民个人，都可以进行个人实盘外汇买卖交易。

投资者可以持本人身份证和现钞去银行开户，也可以将已有的现汇账户存款转至开办个人外汇买卖业务的银行。如果采用柜台交易，只需将个人身份证件以及外汇现金、存折或存单交柜台服务人员办理即可。

中国银行、交通银行没有开户起点金额的限制，工商银行、建设银行开户起点金额为50美元，如进行现钞交易不开户也可；如果采用电话交易，需带上本人身份证件，到银行网点办理电话交易或自主交易的开户手续，交通银行的开户起点金额为300美元等值外国货币，工商银行的开户起点金额为100美元等值外国货币。

寻找适合自己投资（炒）外汇的模式

股市不好做，很多人开始把资金投向外汇市场，想大赚一笔，但真正能赚钱的却不多。之所以说“术业有专攻”，外汇不是每一个人都适合做的，这跟你有多少资本没有关系。大家做外汇，无非是为了赚钱，但赚钱的路子有那么多，为什么一定要投资外汇呢？

那些能在外汇市场中挣到钱的人，有他们的特质。这里所说的“挣到钱”并不是说一次能挣到多少万这种说法不正确，因为很可能下一次就输光。所谓在外汇市场中“成功”，指的是能长年累月地赢多输少。这是因为外汇市场本身就不同于其他金融、证券市场，它就有自身的特质。只有具有与这个市场的特质相符的人，才能生存。在外汇这个丛林里，只有两种结局：干掉猎物或被猎物干掉。

有很多人能挣到钱，他们在外汇市场中挣钱的方式有三种。

（1）把钱交给专业的大型投资基金。你以为索罗斯的基金钱都是他自己的吗？大部分都不是的，都是分散在世界各地的投资人的，不过这些投资人是大户而已。

（2）把钱交给小型的“管理账户”。这些管理账户的主要管理者多半是从大型基金公司出来的有经验的基金经理，自己拉大旗开张的。中小型客户喜欢这种方式。

（3）把钱投资到一些不是直接交易外汇、但与外汇市场配套的公司，比如外汇经纪行、外汇交易软件公司、外汇培训机构，等等。这个其实不是什么新把戏，但对小户和散户很有效。大家都听过这个故事吧？加州淘金热的时候，成千上万的人都去淘金，淘到金子的只是极少数幸运儿，大部分人发不了财，真正发大财就两种人，一种是卖铁锹的，另一种是开餐馆的。

所以说，在外汇这个丛林里，单打独斗的结局多半是被猎物干掉。要想干掉猎物，就要抱团。有资金、有模式、有技术、有经验、有渠道的人要互相寻找、组合，组成一个取长补短的团队，才有可能在丛林里享受打猎的乐趣。而太多的人，什么都想面面俱到，吃独食最好。有钱的觉得自己是大佬，有技术的觉得自己是大拿，分工协作总是觉得别人沾了自己的便宜。结果往往独食吃不到，还吃大亏。

我们能否也在外汇市场赚钱呢？主要看我们适不适合炒外汇。下面来看看究竟哪些人才适合炒外汇。

（1）有相对稳定的模式。不管是基本面派、技术派，还是看消息、骑墙两面派，总之得有一个成型的模型，就像一支球队必须得有一定的风格和套路一样。

只有能自己琢磨出的模式，才适合自己使用。

（2）有严格的纪律。有了模式只是一方面，再好的模式也不过就处理三样事情：信号、取盈、止损。没有铁一样的纪律，这些模式的效果都要打折扣。事实上，没有人能做得到在这三件事情上毫不犹豫，而这一点恰恰是成败的关键。

外汇交易的潜在风险

外汇市场24小时运转且没有涨跌幅限制，波动剧烈的时候在一天之内就有可能走完平时几个月才能达到的运动幅度。外汇的走势受众多因素影响，没有人能确切地判断汇率的走势。在持有头寸的时候，任何意外的汇率波动都有可能导致资金的大笔损失，甚至完全损失。

每种投资都包含风险，但由于外汇保证金交易采用了高资金杆杆模式，放大了损失的额度。尤其是在使用高杠杆的情况下，即便出现与你的头寸相反的很小变动，都会带来巨大的损失，甚至包括所有的开户资金。所以，用于这种投机性炒汇的资金必须是风险性资金，也就是说，这些资金即便全部损失也不会对你的生活和财务造成明显影响。

网络交易风险

虽然大部分经纪商有备用的电话交易系统，但外汇保证金交易主要还是通过互联网进行交易的。由于互联网本身的特性，所以可能出现无法连接到经纪商交易系统的现象，在这种情况下，客户可能无法下单，或无法止损现有的头寸，这将导致无法预料的亏损的出现。经纪商对此是免责的，甚至经纪商的交易系统出现电脑死机，他们也不会承担责任。同样，国内银行的实盘交易对于此类风险也是免责的，这在交易开户书的协议条款中写得清清楚楚。

此外，无论是国内实盘炒汇，还是国外外汇保证金交易，在某些特定时段，比如美国重大数据公布的时候，或者市场价格剧烈波动的时候，无法连接到经纪商的交易系统上进行交易的现象是较为普遍的，投资者应充分认识到此种风险。

教你炒外汇赚钱

炒外汇要想赚钱主要先掌握三套理论，下面，我们就来了解一下炒外汇的三套理论。

第一套理论——反客为主。

反客为主从技术分析上来解释就是：通过研究各种图表来预测市场将来的走势。这只是书面上的解释，并没有真正点出技术分析真正的内涵。这是因为预测市场未来的走势只是技术分析中的一部

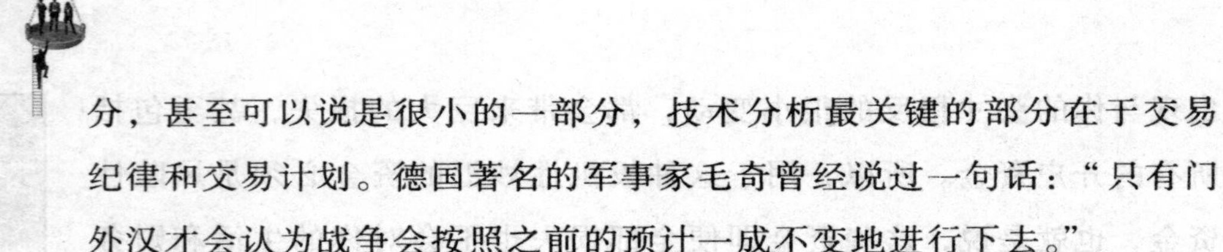

分，甚至可以说是很小的一部分，技术分析最关键的部分在于交易纪律和交易计划。德国著名的军事家毛奇曾经说过一句话："只有门外汉才会认为战争会按照之前的预计一成不变地进行下去。"

外汇市场就像战场，只有门外汉才会认为行情会按照之前预计的一成不变地进行。在这种情况下，所谓的预测就没有什么太大的意义了。当然，也有一些高手能够准确地预测到别人无法预测的行情，但像这样的高手毕竟只是少数，因此，技术分析中的交易纪律和交易计划就显得尤其重要。

举例来说，在某年9月12日到16日这周，欧元与美元碰触到了60日均线，有不少投资者会问："60日均线能否止住欧元的下跌?"或是问："欧元会不会跌破60日均线?"其实，这种问题都不是关键，关键在于你要制订出详细的交易计划，不管60日均线能否守住，你都要有相应的交易计划。

该挂单的挂单，该止损的止损，止损打掉之后该反手交易的就要反手交易。技术分析的分析功能只是帮你搞明白什么是关键的点位，只有当破位后才能预测到后市的走势，而不是预测能不能破位。只有把方方面面都考虑清楚了，才能根据盘面的具体走势伺机而动。

不要去赌汇价会不会破位，很多投资者都是先去赌一个方向，然后再搜集有利于自己的资料来给自己壮胆。我们千万要记住，做好自己能力范围之内的事，不要对于市场和自己的能力有太多的妄想。

"反客为主"真正强调的是"计划"和"捕捉机会"。我们可以看看"反客为主"的原文是怎么说的。原文说："乘隙插足，扼其主机，渐之进也。"这段话告诉我们，发现机会之后要好好计划，趁势捕捉机会，把握住事情的重点，不要心急，根据实际情况慢慢谋划。

第二套理论——斯坦利·克罗的几大警言。

斯坦利·克罗是美国著名的期货专家，对投资有独到的见解。

(1) 不少多头走势坚稳的上扬趋势，间歇性出现激烈的回软走势。价格短暂下滑，破坏了上扬趋势，投机性多头仓因遇到停损而出场，而到一个个停损点把资金洗干净，市场又恢复上扬走势。

(2) 不少空头市场也穿插同样激烈的反弹。反弹把投机性买进停损洗干净，把那些意志不坚但在空头仓有利润的人洗掉，接着盘面又恢复跌势。

(3) 不建议存入一笔新款，满足维持保证金的要求。催缴通知书传递一个明显的信息，表明你的户头表现不好。没有道理再拿钱去保卫这样一个不好的仓位。比较适当的战术是清掉一些仓位，免除追缴保证金的要求，并降低所冒的风险。

(4) 一边降低仓位，一边保持获利潜力。凡是账面亏损最大的仓位，都应该结束，特别是它们与趋势相反时，更应该这么做。亏损最大的仓位既然已经消除，损失风险就自然会降低。

操作最成功的仓位一定要抱紧，因为这种仓位显然是处在有上升趋势市场的一边，赚钱的顺势仓位，跟赔钱的逆势仓位比起来，前者获利的概率自然比较高。

了解这些概念之后，可进一步探讨价格的趋势。毕竟，如果你知道何谓趋势，而且也能知道它在什么时候最可能发生变化，实际上已经掌握市场获利的大部分知识了。

第三套理论——道氏理论。

人们所说的道氏理论，实际上是已故的查尔斯·道和威廉·P.汉密尔顿的市场智慧的结晶。

定理1：道氏的三种走势——第一种走势最重要，它是主要趋势——整体向上或向下的走势称为多头或空头市场，期间可能长达数年。第二种走势最难以捉摸，它是次级的折返走势——是主要多

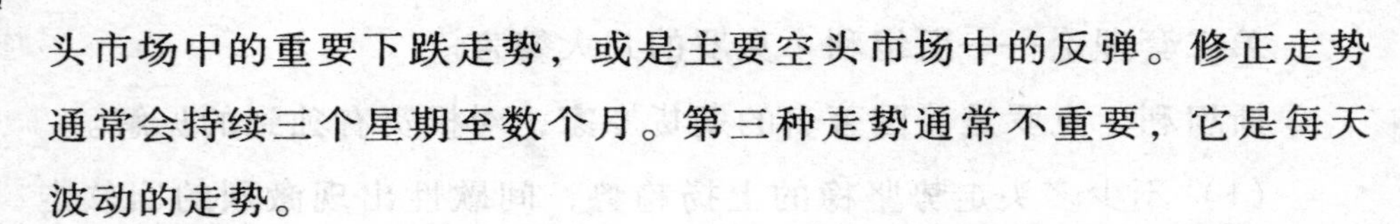

头市场中的重要下跌走势，或是主要空头市场中的反弹。修正走势通常会持续三个星期至数个月。第三种走势通常不重要，它是每天波动的走势。

定理2：主要走势。主要走势代表整体的基本趋势，通常称为多头市场或空头市场。持续时间可能在一年以内，甚至数年之久。正确判断主要走势的方向，是投资或投机行为成功与否的最重要因素。没有任何已知的方法可以80%预测主要走势的持续期限。

定理3：主要的空头市场。主要的空头市场是长期向下的趋势，期间存在着重要的反弹。它来自于各种不利的经济因素，唯有股票价格充分反映可能出现的最糟情况后，这种走势才会结束。空头市场会经历三个主要的阶段：第一阶段，市场参与者不再期待股票可以维持过度膨胀的价格；第二阶段的卖压是反映经济状况与企业盈余的衰退；第三阶段是来自于健全股票的失望性卖压，不论价值如何，许多人急于求现至少一部分的股票。

定理4：主要的多头市场：主要的多头市场是一种整体性的上涨走势，平均的持续期间长于两年。在此期间，由于经济情况好转与投机活动转盛，所以投资性与投机性的需求增加，并因此推高股票价格。多头市场有三个阶段：第一阶段，人们对于未来的景气恢复信心；第二阶段，股票对于已知的公司盈余改善产生反应；第三阶段，投机热潮来临而股价明显膨胀——股价此时上涨是基于期待与希望。

定理5：次级折返走势：次级折返走势是多头市场中重要的下跌走势，或空头市场中重要的上涨走势，持续的时间通常在三个星期至数个月；此期间内折返的幅度为前一次级折返走势结束后之主要走势幅度的“33%至67%”。次级折返走势经常被误以为是主要走势的改变，因为多头市场的初期走势，显然仅是空头市场的次级折返走势，相反的情况则会发生在多头市场出现顶部以后。

总之，道氏理论的许多原理蕴涵于我们日常使用的各种投资术语中，只不过一般人并没有觉察而已。研究道氏理论的基本原理之后，我们具备了一种重要的知识和观念，这种知识和观念是指导我们在市场获利的根本。

了解这些概念之后，可进一步探讨价格的趋势，从而知道它在什么时候最可能发生变化。

外汇投资基本策略十三条

一、以闲余资金投资

如果投资者以家庭生活的必须费用来投资，万一亏蚀，就会直接影响家庭生计，在投资市场里失败的机会就会增加。因为用一笔不该用来投资的钱来理财时，心理上已处于下风，故此在决策时亦难以保持客观、冷静的态度。

二、知己知彼

需要了解自己的性格，容易冲动或情绪化倾向严重的人并不适合这个市场，成功的投资者大多数能够控制自己的情绪且有严谨的纪律性，能够有效地约束自己。

三、切勿过量交易

要成为成功的投资者，其中一项原则是随时保持3倍以上的资金以应付价位的波动。假如资金不充足，应减少手上所持的买卖合约。否则，就可能因资金不足而被迫“斩仓”以腾出资金出来，纵然后来证明眼光准确亦无济于事。

四、正视市场，摒弃幻想

不要感情用事，过分憧憬将来和缅怀过去。一位美国期货交易员说：一个充满希望的人是一个美好和快乐的人，但他并不适合做投资家，一位成功的投资者是可以分开他的感情和交易的。

五、勿轻率改变主意

预先订下当日入市的价位和计划，勿因眼前价格涨落影响而轻易改变决定，基于当日价位的变化以及市场消息而临时作出决定是十分危险的。

六、作出适当的暂停买卖的决定

日复一日的交易会令人的判断逐渐迟钝。一位成功的投资家说："每当我感到精神状态和判断效率低至90%，我开始赚不到钱；而当我的状态低过90%时，便开始蚀本。故此，我会放下一切而去度假数周。短暂的休息能令你重新认识市场，重新认识自己，更能帮你看清未来投资的方向。投资者格言：当太靠近森林时，你甚至不能看清眼前的树。

七、切勿盲目

成功的投资者不会盲目跟从旁人的意思。当每人都认为应买入时，他们会伺机沽出。当大家都处于同一投资位置，尤其是那些小投资者亦都纷纷跟进时，成功的投资者会感到危险而改变路线。这和逆反的理论一样，当大多数人说要买入时，你就该在合适的时候卖出。

八、拒绝他人意见

当你把握了市场的方向而有了基本的决定时，不要因旁人的影响而轻易改变决定。有时别人的意见会显得很合理，因而促使你改变主意，然而事后才发现自己的决定才是最正确的。简言之，别人的意见只是参考，自己的决定才是最重要的。

九、当不肯定走势时，暂时观望

并非每天均需入市，初入市者往往热衷于入市买卖，但成功的投资者则会等机会，看准后再入市，而当他们入市后感到疑惑时亦会先行离市。

十、当机立断

投资外汇市场时，导致失败的心理因素很多，一种颇为常见的情形是投资者面对损失，亦知道已不能心存侥幸时，却往往因为犹豫不决，未能当机立断，因而愈陷愈深，损失不断增加。

十一、忘记过去的价位

“过去的价位”也是一项相当难以克服的心理障碍。不少投资者就是因为受到过去价位的影响，造成投资判断有误。一般来说，见过了高价之后，当市场回落时，对出现的新低价会感到相当不习惯；当时纵然各种分析显示后市将会再跌，市场投资气候十分恶劣，但投资者在这些新低价位水平前，非但不会把自己所持的货售出，还会觉得很“低”而有买入的冲动，结果买入后便被牢牢地套住了。因此，投资者应当克服这个心理障碍，“忘记过去的价位”。

十二、忍耐也是投资

投资市场有一句格言说“忍耐是一种投资”。这一点只有很少的一部分投资者能够做到。从事投资的人，必须培养良好的忍耐力，这往往是成败的一个关键。不少投资者，并不是他们的分析能力低，也不是他们缺乏投资经验，而是欠缺了一份耐力，过早买入或者沽出，于是招致无谓的损失。

十三、定下止损位置

这是一项重要的投资技巧。由于投资市场风险颇高，为了避免万一投资失误带来的损失，因此每一次入市买卖时，我们都应该定下止损价位，即当汇率跌至某个预定的价位，还可能下跌时，立即交易结清，因而这种计单是限制损失的订单。这样我们便可以限制损失的进一步扩大。

外汇投资者必须明白的十个技巧

外汇投资，是指投资者为了获取投资收益而进行的不同货币之间的兑换行为。外汇投资需要投资者处处谨慎操作，下面的十个技巧是外汇投资者必须掌握的。

一、主意既定切勿受人动摇

入场后应谨记买卖原则，原先设置好的投资计划切不可随意更改，个人资金多寡不同，对市场风险的承受度也不一样，应该遵守自己的计划，不应随便听信他人的意见而改变。

二、切忌逆势

俗语说：顺势者生，逆势者亡是有其道理的。在外汇市场上可改为“顺势者赚，逆势者赔”也言之有理。我们要谨慎地观察市场，加上客观的基本面分析，辅以历史轨迹的技术分析，便可以顺势入场。

三、安全停损预计

保存投资实力、降低买卖出错时可能招致的损失。我们指出停损单作用于入场后发生危险时可帮助投资者尽快地平仓离开市场。当然停损单不可以随便设置，但只要入场前有明确的信息准备协助，而且依照原则下单，就可以减少不可预期的损失。

四、局势未明采取观望

在决定买入或卖出外汇之前，一定保持对市场的乐观看法，必须具备充足的投资信息、市场信息以及平和轻松的心情。

五、要认清自己的性格与能力

俗语说：知己知彼，百战百胜。外汇投资者必须要知道自己的性格，了解自己的优缺点，这样，在遇到各种市场变化时，能够积极应对。

六、获利时不妨任其增长

许多投资者往往只会止损，但却不懂得守住获利任其增长的艺术。市场虽变化不定，若已有盈利在握，只要耐心等待目标价位，辅以停损单之配合，顺势时的获利上限可以不断增长。

七、进场错误不宜久守

市场大势如有逆转和既定的计划不同，便应相信事实。因为外汇市场是全球性的，参与者众多，任何突发状况均有可能发生。因此投资者不要主观地为自己寻找借口，不承认失败是投资者之大忌。若入场后发现市场逆转，非但不承认失败，反而再加码力图扳回，一次又一次地加码上去，可能越补洞越大，造成更大的亏损。

八、切勿因小失大，想做就做

我们入场前后都应先预定买入或卖出价位、获利及停损点位。但这仅是预测，不要过于拘泥某一特定价位。只要价位上的偏差不是距离原先设置的目标价位很远，应顺势作最后的买卖决定。

九、形势有利时金字塔式追进

当目标价位已达到而盈利在握，且确认市势对自己有利时，不妨利用金字塔式买卖加码追进，这种投资策略往往带来非常可观的收益。

十、随预期心理做交易

消息发生或预期发生时进场，一经证实迅速离场。这种方法是不求技术的，投资者只是预先利用市场预期心理进场，等到消息证实时便平仓离场。外汇市场是一个典型的预期心理市场，当预期越来越高时，则投资者应跟随预期心理做交易；当预期被证实时，原来的多头或空头大多会平仓离场。

新手炒外汇入门必须掌握的五个要点

外汇交易作为一种在国外已经成熟运行几十年的投资形式，已经进入中国普通老百姓的视线。外汇交易因其交易简单、可利用保证金比例以小搏大获取较高收益而逐步受到国内投资者的青睐。但是，作为一位打算进入外汇市场的初级投资者，以下五点是一定要

注意的。

一、切忌贪心

多数投资者有这样的经历，当获利达到7%的时候还在等待达到10%，最终行情突变一无所获。见好就收是外汇交易投资者应当保有的心态。

二、做好功课

刚入市的投资者不要盲目建仓，尤其是保证金交易，动辄几十倍上百倍的保证金交易若碰上较大的市场波动会让你损失惨重。在投资之前应该学习一些国际金融的相关知识，例如汇率决定理论、国际收支理论，等等。另外还要学习一些技术分析的基本方法，并能够熟练运用其中的一种或几种进行操作。

三、控制风险

进入外汇交易这个市场之后，你的第一目标不一定是赚钱，只要你能存活下来，你的第一步就是成功的。满仓操作犹如飞蛾扑火，即使再高明的外汇交易员也不能保证他的所有判断都是正确的，如果想要在这个市场里存活下来，就不要冒全军覆没的风险。

四、贵精不贵多

外汇交易中应该集中精力分析一种或少数几种货币。如果涉及的货币过多，则会因为需要搜集的资料、信息太多而难以做到，同时也会错失获利机会。因为外汇交易中的机会稍纵即逝，当你发现机会来临的时候再去换仓则为时已晚。

五、买涨不买跌

无论在哪个场合，做过外汇交易的投资者都会认识到这个问题。因为在上涨行情中，最差的选择只有最高点；而在下跌行情中，最好的选择只有最低点。两者获利的概率不言自明，但大多数投资者仍在这一点上犯错误。

第二十三节 保　　险

看胡适应用国学论保险

一代国学大师胡适先生谈起保险时曾说过，“保险的意义只是今天作明天的准备，生时作死时的准备，父母作儿女的准备，儿女幼时作儿女长大的准备，如此而已。今天预备明天，这是真稳健；生时预备死时，这是真豁达；父母预备儿女，这是真慈爱。能做到这三步的人，才能算作是现代人。”

胡适先生关于保险的这段论述可谓精辟之至，把先导保险的内涵阐释得非常透彻。

一、保险是用今天的钱筹划明天的生活

我们都知道，未来充满着变数，没有人能准确预知自己将来会发生什么。有些人一觉醒来便一贫如洗，有些人一出家门就生离死别。往往这样的一些意外就能使一个原本幸福的家庭或一个原本兴旺的企业陷入困顿之中。中国有句古话：“人无远虑，必有近忧”，而购买保险就是一种未雨绸缪的做法，是化解未来可能发生风险的有力手段，能使人们明天的生活免受剧烈波动的困扰。

二、保险是用小钱换大钱

保险就像一个蓄水池，在平时投保人进行点滴积累，一旦谁需要时就可以直接去用，并且去用的量是其投入量的数倍。当然，在保险集合体中的每个保险人虽然都只付了一定的保险费，但只有遭遇保险事故的被保险人才有可能获得保险赔偿。这恰恰说明了保险的互助性质。“一方有难，八方支援”。这样，如果其中有个被保险人遭遇不幸，就可以借助众人的力量避免或减小损失。

三、保险与“仁爱”、“责任”、“尊严”的关系

保险是“仁爱”的化身，是“责任”的体现，是“尊严”的延伸。保险不仅仅能提供一种物质补偿，更重要的是，它还能折射出人与人之间的和谐关系。为家人购置保险是对亲人的爱，为员工购置保险是对社会的责任，为自己购置保险则是自我尊严的延伸。曾经有这样一个故事：有一个事业成功人士，从来不购买人寿保险。一次，一个保险营销员听说后，就登门拜访。在面谈时，这个保险营销员就指着那位成功人士的奥迪 A4 问：“那辆车投了保险吗?”那位成功人士回答说：“保了。”他又指着办公桌问：“这个呢?”那位成功人士摇了摇头，笑着说：“桌子能值多少钱？用不着保险。”这时，这个保险营销员突然话锋一转，问：“你的意思就是说，只有不值钱的东西才不需要保险，那你为自己投了保险吗?”那位成功人士一愣，脸霎时红了，马上为自己购买了一份高额人寿保险。撇开这个保险营销员高超的推销技术不说，这个故事还说明了保险能体现一个人的价值和尊严。

购买保险，选对投保渠道更划算

如果能买到物美价廉的产品，当然这样的要求是求之不得的——而对于保险产品自然也不例外。不过，相比普通消费品，保险作为一种金融产品，而且是结构相对复杂的金融产品，要买到物美价廉的保险产品，的确不容易。以下几招也许有助于你找到更便宜更好的保险产品。

一、买保险要货比三家

购物要货比三家，这似乎是人尽皆知的“常识”。不过，在购买保险时，却并未被许多投保人所实践。

究其原因，也很简单：保险产品的价格因人而异，不像买一瓶饮料，只需要去便利店去超市逛逛，看看明码标价的标签牌就知道一瓶饮料到底什么价格哪家店最便宜。但是保险则不同，同一款保险由于投保人的年龄不同，其价格就会有所差别。所以绝大多数情况下，你必须致电保险代理人，告知你的详细情况，才能知晓购买某款保险的具体价格。

而保险代理人在推销上锲而不舍的精神，则又使很多投保人望而失色，很多情况下就是投保人刚刚接触了一个保险代理人，就在其热情的推荐下签下保单买了保险，根本就没有了货比三家的想法，等买完之后往往后悔不已。

因此，买保险，也要有货比三家的想法，多了解几家保险公司，多了解几个保险产品，进行比较分析，切不可轻易作出决定。如果买了一款不需要的保险产品，那可能就是几千元的损失或浪费。

有的投保人被一些代理人“保险没有最好只有最合适”的说辞说服，认为保险的价格的确不用考虑。据记者了解，某大型寿险公司的精算师在私下场合被同事问及买哪家的保险最划算时，推荐了另一家公司的产品——作为设计保险对保险性价比最清楚的人既然能够做出这样的推荐，说明就价格层面而言，保险是有区别的。

不过，精算师毕竟是专业人士，可以轻松比较不同保险产品的优劣。而普通人，对于复杂的保险产品比较恐怕是有心无力了。因此，普通投保人更应该优先购买简单的消费型保险，这类保险保障简单，不会因为结构复杂而看得眼花缭乱，能够更轻松地比较出价格高低。

二、积分进一步降低保费

目前，部分保险公司为刺激网销平台，还会针对网上投保客户提供积分系统，积分可兑换购物券等。若用好此类积分系统，能够进一步地降低投保成本。有的相当于8折优惠，积分可以兑换卓越、当当、京东购物券。

三、新渠道往往有便宜的保险产品

保险代理人和银行是保险尤其寿险销售的两大中坚渠道。不过，近年来越来越多的保险公司开始尝试电话销售和网络销售这两种新的销售渠道。由于是新生事物，所以从监管部门到保险公司，往往都会以培育市场的心态去扶植新渠道，再加上这些新渠道在销售成本上的确比较低，也使得通过新渠道销售的保险存在价格更便宜的可能。

买车险时购买电话车险更便宜，伴随各大财险公司铺天盖地的宣传，这一理念可谓深入人心。电话车险之所以能够较传统渠道便宜，除了拜新渠道成本较低所赐，监管部门政策上倾斜允许的折扣比例也是关键的原因。

车险是如此，其实传统寿险也是如此。多家保险公司都在网上推出了专门的网络销售平台，并针对网销提供额外的优惠。比如平安保险在网销平台推出的一年期综合意外险，50万元保额保费为465元，为原价1 550元的3折，而且若续保还可以享受2.5折优惠。又如泰康人寿在网销平台销售的e顺交通工具意外伤害保障计划，不但可以自行设定各类交通工具的保额，而且选择两项保障可以获得7.5折优惠，选择3项会有5折优惠，利用这个优惠，甚至可以在获得更多保障的同时保费反而更低，相当优惠。除平安、泰康之外，人保财险和国泰人寿也有不错的网销渠道，有不少有竞争力的网销产品。

当然，除了保险公司的官方网站以外，第三方保险网销平台同样值得推崇。目前国内较大的第三方保险网销平台当属优保网，此外支付宝也推出了保险销售平台。这类网销平台的优点在于不仅可以提供具有竞争力的产品，而且还可以方便你货比三家。比如在优保网上，设定保额，它可以列出不同产品的价格，孰高孰低一目了然。

挑选银行保险产品的几个要点

在挑选银行保险产品时，要掌握以下要点：

首先，应注重品牌和公司信誉。

其次，要选择能够灵活有效地进行理财规划的产品。以“红双喜盈宝顺”为例，由于生存金是五年之后每年返还，投保人可根据家庭所处的各阶段作出资金安排与预期规划。

再次，多看重长期稳健持续的产品利益。新华保险在市场上长期秉承着保额分红优势，通过年度红利和终了红利的双重设计来缓解社会经济周期性起伏带来的不利影响。

另外，由于当前社会生存成本和生活成本的提高，许多分红型保险产品已能够为客户提供全面的保险保障，包括因疾病、一般意外或者公共交通工具意外而导致的身故、全残等，分红险的保障功能也成了其主要的竞争优势。

教你如何赚出“提前退休”养老钱

面对繁重的工作，不少高薪族似乎总在嘴边挂着一句话“再过几年，我就不干了”；与之相反的是，有一部分人由于各种原因不得不提前退休。

他们所要面临的最重要的问题就是养老问题，这远比大家想象

的要复杂。究竟要有多少钱才能提前退休？只要您有足够的能力，对将来有理性的规划，都可以从既定的工作轨迹中抽离，做个快乐而充实的“退休者”。

个案资料

基本状况：于小姐，35 岁，在一家广告公司工作，丈夫秦先生，35 岁，在一家外企从事销售工作，女儿上小学 5 年级。

财务状况：

（1）秦先生月收入9 000元，年底有红包 2 万元左右。于小姐月收入6 000元，三口人月支出8 000元；

（2）夫妻二人公司均有医保和社保。同时，二人有现金及活期存款 50 万元，国债 20 万元，股票型基金 10 万元。此外，二人自住房屋价值 60 万元，另有一处房屋价值 30 万元，用于出租，月收入 800 元。一台福特汽车价值 10 万元。

（3）二人无任何商业保险。

理财目标：于小姐夫妻均决定在 45 岁时辞职回家，在农村另置备一套房产，过田园生活。同时，二人希望每年拿出 2 万元用于旅游，不想改变现在的生活质量。

假设条件：于小姐与秦先生同为 35 岁，于小姐与秦先生终老年龄 80 岁。

目标分析：

（1）养老规划：于小姐夫妇今年 35 岁，距离退休还有 10 年时间进行财富的积累，按照现在夫妻收入情况，10 年后将积累资金 103.6 万元。退休后总需求由养老金需求、旅游基金需求两大部分组成，分别是：

养老金需求。按照假设条件夫妻双方退休后生活为 35 年，退休后每年生活费支出假设为现在的 50%（考虑到农村消费水平下降），预计养老金总需求170万元（年支出×50%×35年）。

旅游基金需求。假设夫妻双方每年旅游到70岁，旅游基金总需求50万元（2万元×25年）。

（2）子女教育规划：于小姐的女儿现在是小学5年级，7年后上大学。于小姐家庭条件较好，可以将女儿送到国外留学，预计需要学费100万元。

（3）保险规划：根据于小姐夫妇45岁退休，80岁终老来计算，夫妻双方保险缺口360万元。

理财建议：

建议于小姐对自己的流动性资产和投资资产进行如下配置：

首先，降低流动性资产比例，进行中高收益投资。

其次，建议出售30万元的投资型房产，进行中高收益投资或在适当时机购买心仪的田园房产，以供养老之需。

最后，养老金投资组合应多选用期限较长的投资产品，如债券型基金，万能型保险等复利计息的投资产品，在适当时机购入高风险的优质股票和偏股型开放式基金，进行组合，投资组合收益率控制在7%左右即可覆盖220万元的养老金缺口，实现完美的晚年生活。

资产配置方案如下：

低风险产品，预期收益率4%，比重为5%，以货币市场基金、银行存款为主。

中等风险产品，预期收益率6%，比重为65%，以万能型保险、债券型基金、混合型基金为主。

高风险产品，预期收益率10%，比重为30%，以优质股票、股票型基金为主。

保险产品可按下列品种组合。

（1）重大疾病医疗保险；

（2）附加医疗险；

（3）人身意外险（死亡+全残）；

（4）终身寿险。

增加保险应对提前退休

在不年轻又不算太老的50岁突然失去稳定的高薪工作，拿到一笔提前退休补偿金，面对这种状况，如何有效利用这笔钱补偿未来减少的收入；又如何调整资产，确保发生变故后人生目标依然顺利实现？

个案资料

邱先生在一家合资企业工作了十几年，怎么也没想到会在50岁时受到提前退休的"礼遇"。

50万元的补偿金和60岁时可返还20万元的商业养老保险，乍一看也许很风光，但仔细一算，个中甘苦自知。他退休前的月收入1万元，10年内即便原地踏步也有120万元的纯工资收入。而考虑通货膨胀以及房价上涨的影响，10年后，50万元的补偿金恐怕已经缩水成了40万元。

于是邱先生动用了全数补偿金50万元加上原有10万元积蓄，一次性付款买了一套公寓房，因为地段好、配套设施齐全，很快以每月2 000元的租金签了一年的合同。

50岁当然不至于赋闲在家，凭借技术优势，邱先生很快找到一份发挥余热的工作，月收入3 000元左右。如此一来，薪金和租金加起来接近退休前的月收入水平。但目前工作不稳定，出租房又有空置风险，月收入很难稳定在7 000元。未来还会面对两大问题：女儿三年后出国，自己和老伴的养老费用。目前，邱先生还有40万元的银行存款，三年后足够供女儿出国留学，但养老就有点儿捉襟见肘。

如何确保稳定的收入？如何兼顾子女教育和养老？邱先生请理财师为他指点迷津。

理财建议：

养老规划应放在第一位。在工资收入方面，虽然目前邱先生能保持3 000元月薪，但50岁后生病的概率增大了若干倍，且一旦生病，将没有薪水，不像原先隶属固定单位时还可享受带薪病假等福利，因此首先要增加重大疾病险和住院费用险。

以某保险公司重大疾病险为例。年交保费2 430元，累交10年，从保险合同生效之日起至身故，发生保险合同指定重大疾病即可获赔10万元；住院费用险的作用更大，某险种年交保费1 400元，一旦住院最高保额可达1万元。这两者都很好地规避了收入风险。

此外，邱先生已有20万元养老险，保障充足。但妻子缺少相应的保障，48岁的年龄还可以享受相对较低的投保费率，建议为妻子增加一份10年缴的养老险。虽然保险收益率不高于银行利率，但在强制储蓄的同时还带来了一份保障，不一定锦上添花但一定是雪中送炭。

收入保障做足了，养老金的积累自然不在话下。假定目前40万元储蓄全数用于女儿大学教育和出国留学费用，则10年后的养老金就包括20万元的养老险和18万元节余（每月节余1 500元）。60岁后，月租金2 000元可以应对夫妻俩的月生活开支，38万元的金融资产和60万元的投资用不动产以及夫妻二人的养老保险金还可以应对房屋空置、重大疾病和大宗开支。

考虑到邱先生面临的养老和子女教育两大目标，都需要十分确保本金的安全，因此在设计投资组合时资金的安全性也是要放在第一位的。结合他的风险承受力以及中国金融投资市场上现有主要金融投资工具的收益和风险特性，理财顾问对40万元的存款作出了如

下资产分配建议：银行存款40%±5%，债券20%±5%，基金25%±5%，信托15%±5%。根据历史经验数据，该投资组合的预期平均收益率为5%，预期收益率在2.65%~9.32%的范围内波动。

而且，女儿教育和养老规划的实现点不同，相应的投资策略也不同。为女儿出国准备的40万元，宜做一个以三年为到期点的投资，且投资品种变现性要好，可以选择三年期的信托和银行定期存款。而养老则是一个长期投入分阶段回报的规划，宜做7年或10年以上的基金和债券投资。

高薪家庭理财应早准备子女教育金及增加意外险

苏女士一家属于典型的高薪家庭，夫妻两人的月工资收入合计2.8万元，还有一份出租房收入每月6 000元，而且夫妻二人年终奖也是非常可观的，两人的年终奖合计在30万元左右。现年42岁的苏女士，目前已经是一家设计院的高级工程师。苏女士的先生45岁，在一家港资公司担任项目经理。夫妻俩有一个可爱的儿子，目前7岁正在读小学二年级。

苏女士比较讲究生活品质，日常吃的菜和米都是从专门的农户那里订购的有机菜和米，光是这部分支出每个月大概就要2 000元。

另外，由于工作忙，家里聘请了一名钟点工阿姨固定每天下午来打扫卫生并为全家人做一顿晚餐，工资支出1 500元。其余开支则包括日常基本生活开销6 000元左右，儿子的课外班、兴趣班费用约2 000元，娱乐消费2 000元以及养车费用1 500元。

无论是苏女士本人还是先生，所在单位和公司效益都不错，两人目前又都属于骨干力量，因此，年终都有着比较丰厚的一笔奖金，加起来大概有30万元。而年度支出则包括孝敬老人的费用5万元、购物5万元以及全家出游的费用约3万元。

家庭资产方面，苏女士介绍，目前家里的现金以及活期存款大概有 8 万元，定期存款有 150 万元。朋友买房向他们借款 30 万元尚未归还。一辆开了 8 年多的车市值估算 2 万多元，收藏的当代油画不了解市值，原价计 10 万元。自住房目前市值约 350 万元。北四环边一套房产目前用于出租，市值约 300 万元。家里没有任何负债。

苏女士应尽早筹备教育金。

苏女士说，“我估算了一下，也就是说，等到我儿子上大学的时候，我和先生都已经到了要退休的年龄。”现实的问题是，一旦退休，收入也会相应地锐减。因此，苏女士说她目前有种紧迫感，就是趁现在还年富力强时，早早地给儿子准备一笔教育金，争取让儿子大学就能够到国外去读。

苏女士给先生上一份“保险”是很有必要的。

现在，苏女士考虑的比较多的另一件事是先生的工作。让苏女士忧虑的是，万一先生失业，会对家里生活品质有比较大的影响。因为年纪大了，相对的职业选择空间会越来越小。“像去年先生离开原来的公司后，一直找不到合适的工作，几乎整整在家休了近一年的时间。”因此，苏女士打算给先生添一份失业方面的保障。

至于其他方面，先生目前公司的保障很全面，除了基本的社会保障，公司还提供团体的大病保险，保障额度在 20 万元左右。对于自己，苏女士称单位的保障很好，并不太清楚自己需不需要补充保障。儿子则有北京“一老一小”保险以及平安保险通过学校投放的“学平险”。

苏女士还介绍说，家里今年比较大的开支就是打算换辆车，先生的车已经开了八九年了，一直没舍得换是因为当时是原装进口车，非常好用。现在先生公司规定不允许开车上班，打车可以报销。他开车就比较少了，而自己学的是自动挡，因此就打算换辆自动挡的 SUV，预算是 30 万 ~40 万元。

另外，苏女士称自己与先生都是那种花钱大手大脚的人，根本不懂理财，有点儿积蓄也就放在银行。本来去年打算买点基金，可是听周围同事说，股市不好，基金也赔得厉害，也就不敢买了。

“像我这种‘理财盲’，可以做些什么投资呢？”苏女士不无疑惑。

苏女士比较注重生活品质，所以尽量在不降低一家生活品质的前提下，从三个方面进行理财分析及规划。

一、设专项基金来筹备教育金

据资料统计，去美国读4年本科，所需的学费和杂费、生活费的总计50万~130万元，其他国家大多比美国费用要低些。

先假设苏女士的儿子大学留学所需费用当前总计100万元，据了解，留学费用近些年以不低于5%/年的速度递增（考虑到外汇汇率等相关因素），据此计算，10年后共需163万元人民币用于留学。建议苏女士可以为儿子读大学设一个专项基金，每月投入5 000元，另外每年再投入6万元，年化收益率只要能达到6%，就可以在儿子17岁时备齐留学费用。每年每月分别投资主要是考虑到万一苏女士及先生有一方发生收入中断的情况，另一方应该可以继续负担起孩子留学费用的储备。此方式可以选择历史业绩好的股债平衡型基金产品。

二、建议增加意外险和寿险

目前商业保险的品种中尚无专门针对失业的保险，只有在社保中有失业险，金额不高且有时间限制，但此险显然无法满足苏女士对生活品质的需要。另外苏女士一家还要考虑到如有一方因病无法继续工作，所造成的失业风险。

如苏女士的先生再次面临暂时失业，也无须过于担心，因为苏女士一家的积蓄较为丰厚，按下述投资建议调整后，日常高品质的生活及该家庭的规划短期内不会有太大的影响。如失业状态时间较长，则建议苏女士一家适度考虑调整生活状态，比如免去请保姆的费用，等等。

此外建议苏女士及先生增加意外险及定期寿险，以防在极端的情况下对家庭资金状况产生不良的影响，进而影响家庭生活及儿子留学计划，保险金额要覆盖家庭的大额开销，如儿子的留学费用及家庭成员的部分养老生活费用。苏女士本人可考虑适度增加大病保险。

苏女士的买车计划在其先生工作没有变动的情况下可以满足，但若其先生的工作变动较大，短期内找不到合适的工作，则建议可以考虑20万元左右的小型轿车或延迟购车计划。

三、投资以稳健为主

苏女士一家除去现有开销及儿子留学的专项基金外，每月结余加上每年年终奖的金额数字可观，另有房产和存款近500万元。虽然没有负债但也需建立起理财的观念及习惯，减少通货膨胀对家庭资产的影响，也为以后高品质的养老生活作些准备。虽说现在股市、基金市场低迷，但投资理财是看重长期的增长，在经济大环境向上、存款收益不抵通货膨胀的情况下，进行理财投资配置还是很必要的。国家“十二五”规划中提到了这5年国民经济增长保持6%～8%的水平，作为个人投资者，未来8%的收益是可以预期的。但考虑到苏女士一家以前未接触过投资，所以不建议投资过多的品种。具体建议如下：

每月资金的结余——养成定投的习惯。每月结余的资金大部分可以分别投入在2～3只绩优的股债平衡型基金中去，也可以起到强制储蓄的作用，坚持长期投资会有不小的收获。另有一小部分可以投入到低风险性高流动性的理财产品或货币基金中，短期内可以作为应急资金，长期不用积累到一定量数时可以向其他中高收益的产品转换。

每年的年终奖结余——可以投入到固定期限的理财产品中去。从目前来看理财产品的收益会高于同等期限的存款且相对稳健。如果未来对风险的心理承受力有所增加，且市场情况好转，可以考虑分出部分资金投资中高风险的基金。

家庭中的固定资产——北四环边上的房产不做调整，不仅拥有一套可投资用不动产，每月的租金收入也可以抵去部分家庭开销。存款里的资金建议拿出100万元做一份稳健的信托产品或银行类固定收益理财产品，年化收益率约8%即可，期限在2~3年，这样会大大提高资产收益水平，并不会承担太多风险。剩余的50万元定期可以部分买车、部分不动以备家庭所需。先生的进口车及油画所占用的资金量并不大，苏女士可以与先生商量是否进行调整，可以请专家鉴定一下油画价值，做到心中有数。

给爱情上个保险

"爱情保险"在保障功能上与一般寿险别无二致，更多的是针对夫妻关系的一种营销。你要是有个亲哥哥，这种一奶同胞的关系是改变不了的；而夫妻关系是否有变，就是个随机事件。

原因在于，爱情，是可以变化的，夫妻关系也是可以变化的。因为爱情是要经营的，如果经营得不好，就容易猜忌，容易松动，所以就要想个点子。

给爱情上保险。这可行吗？

前些年，市面上还真有种相传甚广的"爱情保险"。不过曾经推出爱情保险的公司都纷纷退出，这类产品在市面上越来越少见。

原因很简单，世上本不存在可以上保险的爱情和婚姻。

事实上，保险公司推出的"爱情保险"通常是一份联生险，是以两个或两个以上的人作为共同被保险人的人身保险。夫妻二人的联生险就是夫妻二人共同作为被保险人的保险，保险的范围一般包括“生存至期满”、“身故”或“罹患重大疾病”，等等。

目前市面上平安人寿、泰康人寿、安邦保险、中德安联等都有这类“爱情保险”。

这种保险的购买对象也必须是合法夫妻，恋爱关系根据保险相关法规不属于可保关系，并不能投保联生险。

夫妻二人只需要购买一份保单，两人都是被保险人，同时都是受益人。对于爱情保险的保险金给付，各家保险公司的规定有所不同。“通常是两人中只要有一人身故，另一人就可以获得保险金；也有一些产品是必须两人均身故时才能给付保险金。”某保险经纪有限公司总经理如此告诉记者。

不过也就是因为“爱情保险”在保障功能上与一般寿险别无二致，而更多的是针对夫妻关系的一种营销，这类保险也很快在市面上被冷落。

当然，“爱情保险”相对于传统寿险也有其优势所在，就是与为每个家庭成员单独购买相应的保险产品相比，这类联生险产品的保险费率相对较低。

而在市面上的“爱情保险”中，也有个别产品从保险金给付方式上有所创新。

例如生命人寿就推出了一款高度“女性主义”的产品——“红玫瑰”年金保险（分红型）。此款产品的保险人限定为女性，且以后万一退保，退保现金价值权益也约定归属女性被保险人。

“如果是一般的寿险，丈夫为妻子投保，而一旦发生婚变，丈夫很可能就不愿意再付保费了。这种情况下退保，退保金按规定是归还投保人，也就是丈夫的。但是这款产品则不同，即使退保，退保金也只归属女性，能够更好地保障女性权益。”某保险经纪有限公司总经理介绍道。

最后，让我们看看国外的夫妻保险都有哪些创新。

韩国的婚前“爱情保险”，则以恋爱者最终是否成婚为给付条件，若双方最终成婚，保险公司将给付一定额度的保险金，否则就没有保险金的支付。

在瑞典，已婚夫妇每年缴纳一定数额的投保金，到银婚纪念日时，保险公司将一次性给予一笔可观的保险金。25 年内如果夫妻间有一人过世，另一人可领到一定数额的抚恤保险金。

英国约 20% 的新婚夫妻投保爱情保险，每对夫妻每月缴纳 5 英镑，自保险之日起和睦相处 25 年，银婚时可领到5 000英镑。如离婚，被遗弃方可获3 000英镑。

婚姻需要保险

虽然爱情难以“保险”，新婚夫妇却有必要买一份保险，不信，你看下面这个业内人士为记者提供的案例。

在小明和小红的结婚喜宴上，新人进场、证婚人致辞、双方父母讲话……婚礼热烈而温馨。但是就在新郎新娘喝完交杯酒之后，小明将一叠 A4 纸递到新娘面前，原来是小明送给小红的一份人身寿险。小明是被保险人，而小红则是受益人，如果婚后小明发生意外，小红会得到一笔大额的保险赔偿。

这不仅体现了新郎的贴心，更重要的是，当个人关系转变为家庭关系时，家庭作为最基本的生存和生活单位，必须考虑到收入难以保证时如何维持其运转。而小明已经为家庭运转做好了准备，结果当然是新娘的热泪盈眶。怎么样，保险单虽轻，情意深重吧？

“进入一段婚姻关系是人生的重大转变，而如果在此时购买合适的保险产品，可以更好地体现夫妻间的责任，也能在关键时刻帮助这个家庭渡过难关。”业内人士。

其实，尤其是收入在家庭收入中占比重较大的一方，就更需要保障。假设小明和小红的年收入是10万元，而其中小明占了8万元，这意味着一旦小明发生意外，家庭的正常收入将得不到保障。

一般而言，投保还要先了解家庭的收入情况，保费支出不能超过当年家庭收入的10%～20%，尤其是年轻人还处于上升期，可以加大一些低保费高保障保险品种的配置。

保险的本质就是帮助大家应对生活中的意外，新婚夫妇可以先充分了解自己需要解决哪些问题，先急后缓进行解决。一般购买保险要遵循一定顺序，按照优先程度划分依次是意外险、健康险、理财险和养老险。

除了收入之外，还需要考虑的就是需求，身故保险金的保额最好是能够覆盖到4～5年的家庭正常收入，除此之外还需考虑可能的医疗费，一般建议至少要准备20万元，这样两部分相加就是60万元的保额比较合适。

如果一些年轻的朋友收入并不多，而又不想花费太多的钱在保费上，可以考虑一些费用较低的纯保障型保险。这类保险都是消费类险种，保险期间没有出险的话不会返还保费。因而较分红险或者投连险便宜很多。虽然此类消费类险种并非是保险公司的首推对象，因为它们不会像分红险那样为保险公司带来较大的保费规模，但是对于需要保障的投保人来说，这却是极好的险种。

第二十四节　房　地　产

福布斯排行榜告诉我们：房地产业在全世界都是暴利行业。个人投资理财专家也认为：投资房产是小康家庭资本运作的最佳方式。在中国的十大暴利行业中，榜首地位仍然是房地产业，这也印证了专家们的观点。

事实上，置业投资确实具有很多优势。正如美国总统罗斯福所断言："不动产不会被偷、遗失，也不会被搬走，只要注意适当管理，它是世界上最安全的投资。"不动产投资是人们不错的一项选择：它能每月给人们一笔可观的收入，并且让人们的财富快速膨胀。

其实，房价高的主要原因就在于房子要建在土地上。而土地是一种稀缺资源，它的供给没有弹性，占用后，就不能再被使用。

虽然土地供给受到抑制，但是房产的需求却没有减少。目前，中国每年有1 500万～2 000万人因为城市化原因进城。另外，大量的农村人口因为经商、打工也长期居留城市，他们都需要买房或租房。

供给与需求的巨大矛盾，注定了房地产价格趋增的形势。也正是因为如此，近年来，置业投资的热潮更是一波高过一波。

为了子孙，为了安定，我们置业

房价的上扬，使原本远远脱离了老百姓收入水平的房价，更加居高不下。人们流传着这样的话：房价的上涨已经不需要理由，好消息和坏消息都是房价上涨的理由。与此形成强烈对照的是，股价的下跌也不需要理由，好消息和坏消息都是股价下跌的理由。

曾有人讲过发生在杭州的一个真实的故事：2001 年，兄弟俩做生意，挣了 30 万元，一人分了 15 万元。哥哥去炒股，弟弟买了栋楼。到 2003 年 10 月结账时发现：哥哥的股票还剩下不到 6 万元，而弟弟卖了他的那栋楼，卖了整整 56 万元，还说是卖贱了。

老百姓渴盼从股市中解套儿，他们更渴盼买到价廉物美的房子。这是中国老百姓当前最大的梦想。

从前，大家买房是为了居住，为了提高自身的住房条件，改善居住环境。随着房地产市场的不断健全，房产保值、增值机会的增加，越来越多的消费者购房不再是为了满足个人和家庭的居住需要，更多的小康家庭和中产者把置业当成了资本运作和财富增值的途径。

可以说：任何一项投资都离不开科学的分析组合。从目前市场来看，可供投资者购买的房产主要有：普通住宅、二手房、高档公寓、写字楼、商铺和别墅，等等。对于中高收入的家庭来说，购买高档公寓和普通住宅都是不错的选择。只要资金和还贷能力有保证，那么，我们在买房自住的同时，还可以选择当房东，将多余的房子出租以获得更高的收益，从而也为我们的子孙留下一份基业。

追求最大的利润是投资的基本原则，也是人的天性，只要善于思考、勇于投资，获利一定会颇为丰厚。不动产正在帮助一个个的小康家庭和中产者实现安居富足的梦想。

在房地产业发展比较快的城市，置业成为小康家庭理财的投资渠道之一。相信今后随着投资环境的改善，投资机会的增多，更多的家庭将从中受益。

地段，地段，还是地段

房产能给你每月一笔可观的收入，并让你的财富快速膨胀。而

置业投资的关键就是土地的增值。随着中国的快速城市化，随着“圈地运动”的终结和中国经济的快速成长，房地产业必然会有一个长期持续稳定的增长期。

个 案 资 料

毕业后在上海某著名报业集团做房产报道的张小姐，工作不到3年，已经成为三度买房、手中同时拥有两套房产的“小富妹”。刚参加工作的时候，她跑遍了城市大大小小的楼盘现场。因为城市规划的原因，某地的房产被各大媒体炒得沸沸扬扬，张小姐也在采访的过程中对该地的房产有了兴趣，并开始了自己的购房计划。

第一次购房，她选定了该地的两个楼盘。经过仔细的对比和权衡。她发现：两个楼盘的物业品质和小区环境相差不大，但甲小区由于开发年代较早，因此每平方米售价要比乙小区低800元。于是，怀揣父母赞助的15万元购房款，她也做起了淘房客。

2003年的8月，她以40万元出头的总价购入甲小区的一套两居室，面积90平方米左右。贷款20年，首付12万元，当时每月还款额在1 800元左右，利用剩余的3万元购房金和她每月3 000元的收入，日子过得还算宽裕。随后，她又为房子进行了简单装修。到了第二年，张小姐将这套房挂牌出租，每月租金2 000元，此时张小姐还贷压力全无，又过起了高消费的“月光族”生活到2005年年初。随着城市规划的完善，甲小区的房子开始升值，并达到了9 000元/平方米。凭借着对该地区一年多的观察，张小姐发现沿线房产透支购买力的现象很严重，于是她又作出果断决定，将其挂牌出售。不久，她以总价80万元将这套房产售出。于是，她手上又有了可支配资金，并成了名副其实的“小富妹”。

地段是房地产价值最关键的因素。买房，第一考虑的就是地段！房地产业有句名言：“第一是地段，第二是地段，第三还是地段。”

这就是著名的“地段理论”。这句话被很多开发商和投资者奉为至理名言。

一、地段决定增值潜力

房地产具有增值性，其很大程度的原因是因为土地增值。而土地增值潜力的大小及利用程度，都与地段有着密切的关系。地理位置优越的、热门区域的房产，其增值的潜力就大。

通常而言，投资房产的方式无非有两种，一种是出售，一种是出租。不管采取哪种投资方式，只有地段好了，才能保证房产顺利脱手，或保证日后的稳定租金收入，从而更好地保障投资者的利润。

一个成功的房产投资者必须学会如何去寻找热点，尤其是那些隐藏机会的、具有发展潜力的明日热点。

二、购房者对地段的选择

过去，上海曾一直流传着这样一句话：“宁要浦西一张床，不要浦东一间房。”在当时的上海人眼里，浦东对于浦西的繁荣来讲，简直就是荒郊野外，住在浦东的是下里巴人。与此相对应，广州也流传着一句话：“宁要河北（珠江以北）一张床，不要河南（珠江以南）一间房。”

俗话说，安居才能乐业。居住乃是牵一发而动全身的大事，不仅家人的工作、学习会受到居住地段的影响，就连个人的情绪，也会因居住区域氛围的变化而上下起伏。对消费者而言，选择住在什么地方是最重要的。

地段意味着房价，地段意味着成本，地段也意味着社交圈和一定的消费层面。住在哪个地段，跟每个消费者的需求紧密相关。大多数购房者说：“每天上班已经够累了，好不容易下了班，还要翻山越岭，跋山涉水才能回到家，我不疯掉才怪。”他们大都旗帜鲜明地表示：“如果有支付能力，一定要住市中心！”

三、优质地段的构成要素

那么，到底什么样的地段才是好地段，才是黄金地段？其实，房地产投资地段的影响因素很多。总的说来，优质地段的构成要素主要包括3个方面。

1．市场供求行情

地段的好坏与市场行情的关系非常密切。如果一个地段的需求呈现上升趋势，其价格必然上涨，而且容易出手。反之，如果一个地段的需求呈现下降趋势，那么，该地段的价格将相对降低，而且不易出手。

2．地段的自然条件

地段的自然条件包括地段与市中心的距离、地理方位、地形地势、土地面积和形状，等等。其中最主要的是距离市中心的远近和地理方位。通常来说，地段越接近市中心，房价就越高，房子也越容易出手，当然竞争也会越激烈。而地理方位决定了地段的基本自然环境，如风向风力、降水量，等等。

3．地段的基础设施和人文环境

地段的基础设施和人文环境是地段优劣的重要参考要素。基础设施包括交通条件、市政基础设施和生活服务设施，等等。周边是否有写字楼、商务区，是否有强大的租房需求市场支持也是构成好地段的重要条件。

投资者一定要抓住有利的基本点，多作比较、分析，这样才能找到有价值有潜力的投资位置。总而言之，置业一定要慎重选择地段。

把握城市变迁规律

房地产开发是以规划为龙头的，而政府通常会用规划来引导房地产投资。这是各地政府特别是规划、房管等相关部门都在做的工作。因此，投资者在置业的过程中，应该多了解市场，特别是多了解政府的规划。

城市都是要发展变迁的，其发展过程充满了投资机遇和挑战。有些城市变迁方案可以根据当地政府的市政规划获得，但有些就需要依靠自己的分析和判断获得。因此，小康家庭投资者作为小的投资“单元”，也要把握城市变迁规律。只拉车，不看路，是非常危险的。

虽然城市规划也是结合城市定位和环境要素，并在城市发展、变迁规律的基础上制定的，但城市规划毕竟代表着政府强有力的政策支持和保障。因此，城市变迁规律一定要提早跟踪和掌握。

以北京为例，新中国成立时，北京有大小胡同7 000余条，而到20世纪80年代时，只剩下了3 900条左右。随着旧城区改造速度的加快，这些胡同更快速地消失。在经济发展和城市变迁的背后，北京出现了强大的房产需求。

另外，投资者还必须观察，随着城市拆迁改造的加速进行，所投资房产是否在拆迁改造范围之内，是否列入了未来几年的城市发展规划，比如市政网管、路网的铺设、建立交桥、地铁，等等。

分析投资价值

不管做任何投资，价值和利润永远都是投资者的最爱。在置业时，除了关注地段外，对于房产周围的环境也不容忽视。

一、房产附加价值

随着生活水平的提高，购房者开始重视房屋的品质，包括房屋质量、设备、品牌服务等，我们称之为“房屋附加值”。投资者要想从众多的楼盘中找到财富，并且准确地判断房屋的投资价值，就要

善于挖掘房屋附加值的增长性。

1. 房屋质量

房屋的质量是购房者认购房屋时必然考虑的因素。有关房屋质量的投诉，是近期房屋投诉的热点。新房还未入住或入住不久，就出现天花板裂缝、漏水……这样的房子让业主很难接受，很多业主与发展商、物业管理公司的纠纷也由此而起。因此，投资者在选择房产时，一定要注意房屋的质量问题。

2. 现代化设备

随着科学技术的发展，住宅现代化被逐步提到日程上来。网络家居、环保住宅已经不再是人们的想象。因此，判断房屋的投资价值时，投资者必须知道：现代化的装备与房子的地段和质量具有同等重要的地位。

3. 房屋面积

市中心的普通房屋多以自住为主，因此，面积不宜过大。建在城郊的普通住宅应以大社区为好，大社区的配套更加可靠。而市区内的高档住宅则正好相反，其面积大，则意味着套数少，套数少又意味着更少的人分享健身、购物、餐饮以及不对外开放的私人会所，这有点像穷人区、富人区的划分，其投资收益是完全不同的。

4. 房屋的朝向和结构

房屋的坐落位置、楼层和户型的选择对房屋的出售和出租也很有帮助，这就要求投资者对消费者的心理有一定的了解。以北京为例，朝南的房产就比朝北的房产更有市场。

5. 社区文化背景

中国人在国外喜欢住唐人街，外国人在中国也喜欢聚居，这是文化背景使然。所以，使馆区周围的公寓、住宅里外国人最多，使馆区周围的外销公寓也更受青睐。

6. 物业管理

物业管理的好坏决定着房产的档次，它直接取决于物业管理公司的专业程度。另外，有些物业管理也有代业主出租的业务。因此，买房时要注意，一个得力的销售部门也许会给投资者以后的出售或出租带来方便，帮助投资者省掉一些不必要的麻烦。

7. 房屋的售价及付款方式

房屋的售价及付款方式也是影响房产投资价值的重要因素。售价高固然不划算，按揭的成数和年数也很重要。否则，每月的还贷压力就会过于庞大。之所以现在的部分业主着急出租，就是因为他们大多是五成五年、七成十年的按揭，每月还贷压力太大，而七成二十年按揭的压力就小得多。

二、房产投资价值的估算

房产投资既有升值的可能，也有贬值的可能，关键看升值和贬值哪种可能性更大。总之，考察一处房产是否值得投资，最重要的就是评估其投资价值，即考虑房产的价格与期望的收入关系是否合理。下面有3个公式可以帮助投资者估算房产投资价值。

1. 租金乘数小于12

租金乘数，是比较全部售价与每年的总租金收入的一个简单公式。

$$租金乘数 = 投资金额 \div 每年潜在租金收入$$

对投资者来说，该数值应小于12。如果超过12，很可能会带来负现金流。该方法的缺点在于：不能兼顾房屋空置、欠租损失及其他影响。

2. 8～10年收回投资

这种方法又称投资回收期法。它考虑了租金、价格和前期的主要投入，比租金乘数的适用范围更广，而且可以估算资金回收期的

长短。用公式表示为

$$投资回收年数=\frac{（首期房款+期房时间内的按揭款）}{[（月租金-按揭月供款）\times 12]}$$

通常，回收的年数越短越好，合理的年数应该在8~10年。

3. 15年收益看回报

如果房产出租的年收益×15年=房产购买价，那么就意味着该项投资物有所值；如果房产出租的年收益×15年>房产购买价，即说明该项投资尚具升值空间，可谓物超所值；但如果房产出租的年收益×15年<房产购买价，则说明对该项投资的价值估计过高。投资者一定要对此进行精确的对比和计算。

个 案 资 料

某门市房，2001年售价22万元，首付5万元，每月按揭供款1 000元，1年后交房，月租金1 600元。2005年售价涨至60万元，月租金2 000元。下面我们用上面的三种方法对此项投资进行估算。

（1）租金乘数小于12（合理范围）。

租金乘数=投资金额÷每年潜在租金收入

如果在2001年购买此门市：

22万元÷（0.16万元×12个月）=11.46倍

租金乘数小于12，可以考虑购买。

2005年时：60万元÷（0.2万元×12个月）=25倍

租金乘数远远超过购买的合理范围，因此不能购买。

（2）8~10年收回投资（合理年限）。

$$投资回收年数=\frac{（首期房款+期房时间内的按揭款）}{[（月租金-按揭月供款）\times 12]}$$

2001年购买此门市：（5万元+0.1万元×12个月）÷［（0.16

万元－0.1万元）×12］＝8.6年

通过计算，回收的年数为8.6年，在合理年限范围之内，可以考虑购买。

到2005年，因为房价上涨幅度过大，而租金却没有得到同步的增长，购买此门市房每月的租金收入无法弥补月供款，如果投资，投资者将面临投资无法回收的境地。

公式解析：投资回收期法考虑了租金、价格和前期的主要投入，比租金乘数适用范围更广，还可以估算资金回收期的长短。

（3）15年收益看回报。

房产出租的年收益×15年＝房产购买价（物有所值）

房产出租的年收益×15年＞房产购买价（具升值空间）

房产出租的年收益×15年＜房产购买价（价值被高估）

2001年购买此门市：0.16万元×12个月×15年＝28.8万元＞22万元

28.8万元＞22万元

结论：可以投资。

2005年购买此门市：0.2万元×12个月×15年＝36万元

36万元＜60万元

结论：无投资价值。

该出手时就出手

买房与炒股一样，一定要善于把握时机，当断则断。只有把握住了科学的介入时机，做到出手快、稳、准，才能获取较好的收益。正如刘欢的《好汉歌》中有这么一段词："路见不平一声吼呀，该出手时就出手呀，风风火火闯九州呀。"作为房产投资者，我们也需

要“该出手时，就出手。”

一、市场环境分析

房市的介入时机需要考虑三个最基本的因素：“什么时候”，“在什么地方”，“选择什么类型的房产”。只有在这三个问题都得到了正确的回答后，投资者的行为风险才会最小，成功的概率也才会最高。因此，投资者首先要对市场环境进行分析。

1. 从国家宏观政策环境来看

房地产市场重新走上了健康的发展道路。土地开发面积和购置面积增幅下降速度非常快，一些盲目开发、乱开发的现象得到了有效抑制，市场投资环境逐渐好转。具体表现为：房地产投资门槛提高了，国家个人贷款显示出放松的迹象，国家的宏观调控有效地抑制了房地产泡沫。

2. 从微观环境来看

自宏观调控以来，各地楼盘都处在观望状态。随着市场的逐渐稳定及缓慢升温，为重新获取前一段时期所失去的人气，鼓励消费者尽早投资消费。现阶段，开发商将推出一系列优惠措施，且其优惠幅度也是前所未有的。另外，商品房显示出的强劲的发展势头，也吸引了一批批小康家庭投资者加入投资行列。

从这两个方面的分析来看，我国经济欠发达地区，尤其是国家重点发展区域的房地产项目更值得投资者提高关注度，特别是商业类房产更值得期待，是投资的好时机。而且，中国经济有明显的波动轨迹可循，每隔4～5年总是在松松紧紧的政策调控下呈波浪式发展。所以，选择在即将结束低迷状态而要进入加速发展期的时候入市，是最佳的选择。

二、根据价格确定房屋的买入时机

对房产市场有了一定的了解后，投资者还要科学合理地确定房屋的“买入”时机。要做到这点，要求投资者把握入市时机，以最低的价格购入房产。

香港李嘉诚的长江实业，郭炳湘的新鸿基，郑家纯的新世界……都不是因为楼市上涨形成的，而是他们能以适当的时间介入适当的楼盘。通俗地说，就是在危机前出手，休息一段时间，低价扫货，启动市场。

三、投资时机的注意要点

为了准确地把握入市时机，以最低的价格购入房产，房产投资者必须注意以下4点：

1. 注意国家的经济增长率

当国家的经济增长率高且持续发展时，必然会刺激房地产业的快速发展，使房地产的建设和成交量出现活跃的局面。特别是在国家把房地产作为经济增长点和国民经济的支柱产业后，国家在政策上的大力支持，使商品房大量上市，购房者有了充分的选择余地，此时可以用相对较低的投入获得比较满意的房产。

2. 注意利率的变化

在买房时，购房者通常会利用银行贷款购房。从目前的情况看，银行几次降息，住房贷款无论是公积金，还是按揭的利息都有所降低，能有效刺激人们的消费欲望。投资者一定要瞅准时机出手。

3. 注意市场需求的变化

中国在加入WTO后，包括银行业、保险业、证券业、中介咨询、旅游业等在内的专业服务领域得到开放，大大地刺激了境外的企业和机构纷纷驻足于我国各大城市。随之而来的各种分支机构和营业场所的增多，使得城市的工业厂房、办公用房和居住用房等的需求大大增加，有效地刺激了房产消费的增加。

4. 注意房屋的销售情况

不管是现房还是期房，当它的销售量不到30%时，开发商的成本通常还没有收回。此时，房价往往要降低，这时就是个人投资者的投资时机；当房屋的销售量达到50%时，表明供求平衡，房价在一定时间内不会发生大的变化；如果已经销出70%，则表明需求旺盛，开发商有可能要涨价，此时不宜投资；等到销售量达到90%以后，由于开发商急于发展其他项目，于是房价又会有相应的下跌。因此，观察销售情况也是把握置业时机的方法之一。

专家认为：投资房产，时机比价位更重要。好时机不是永远都有的，而且机会稍纵即逝。一旦我们确认楼市复苏，就要把握时机争取第一时间入市，千万不可执拗于以往的低价而犹豫不决。如果看好后市，就要勇于追价，此时最忌讳的就是优柔寡断。

慧眼识风险

有投资就会有风险，置业也不例外，它总是表现为收益与风险并存。当实际收益低于预期收益时，我们说投资面临着风险损失。因此，房产投资者要有意识地规避风险。否则一旦冲动行事，就极有可能面临6项贬值风险。

一、流动性风险

投资于房产中的资金，流动性较差，一旦购置房产就不易变现，不像其他商品那样，容易脱手，容易收回资金。因此，流动性风险是置业面对的最主要的风险。

规避该风险最好的方法就是：在选择房产时，要对地段及房屋本身的资质有较高要求，注意选择性价比更高的房产。只有这样，才能靠房产（包括地价）本身的增值来弥补将其变现所造成的损失。

另外，在购置房产时要做到产权清晰，否则，房产的再次交易，将会使程序更复杂，费用也更高。这也是规避流动性风险的重要一环。

二、房市的波动风险

房市也有其波动周期。投资者可以预测房价，但要得到准确判断结果却有一定的难度。所以，即使是在房市上升期，投资者也要意识到下降的风险，而不要一相情愿地相信开发商的一面之词。

不动产的波动风险在某些特定情况下，波动幅度将会更大。一般出现在形成高价的房地产“泡沫”破裂后或经济危机及经济衰退期时。比如前些年日本房地产“泡沫”的破裂，香港房地产价值受亚洲金融风暴打击而出现的大幅下降等，都是房市波动风险的具体表现。

三、社会和政策性风险

任何国家的房地产都会受到社会经济发展趋势和国家相关政策的影响。如果经济繁荣，政策鼓励支持，则房地产价格看涨，相反则会看跌。我国也不例外。政府对房地产市场的调控已初见成效，因此，投资者对这些因素也应该进行充分的考虑。若投资者不注意经济形势和宏观政策形势的变化，在涨价时或在政策紧缩时买房，很快就可能遭受跌价甚至停滞带来的巨额损失。对于社会和政策性风险给房地产投资带来的影响，投资者必须引起高度的重视。

四、供求关系变化风险

房产的供给量与客户的有效购买量是动态变化的关系。若开发商在某地区建造的高档公寓量大幅增加，在较短时间内供给大量新楼盘，而有效需求并没有像预想的那样强劲，那么，则有很大可能出现供求关系变化的风险，从而危及预期置业投资回报的实现。

因此，房产投资者在选择房源时，应该注意置业的目标地区的地产资源储备潜力和房产开发趋向，对有效需求的增加作较保守的预期，选择在供求关系大体平衡的地区置业，以便规避供求关系变化带来的风险。

五、支付风险

目前，银行对于个人房贷实行了越来越开放和优惠的购房按揭方案，甚至出现“零首付”等对置业者极为有利的条件。不少置业者也因此兴起了“以小搏大”、“以房养房”的想法。但是，即使这样，风险仍然存在。比如，通过抵押贷款的方式购置房产时，就存在支付风险。选择该种付款方式，购房者需要具有长期稳定的收入来源。否则，一旦出现不能支付的情况，损失将是巨大的。

为了规避支付风险，投资者在选择付款方式时，要充分估计家庭未来的收入水平及支付能力，尽量做到把预期收入的估计建立在较切合实际的基础上，并留有一定的资金余地，使自己的买房和房贷按揭额决策建立在有足够的偿付能力基础上。换句话说，置业时负债比例不宜过高。

六、房产附加价值风险

首先，房地产不同于一般的商品，即使外形、尺寸、年代、风格、建筑标准或任何方面都相同的建筑，如果所处地段不同，其价值可能会存在很大的差异。

其次，房产价值与其所处公共环境的好坏紧密相连。城市发展中的问题导致的公共环境恶化或者相对其他地区停滞不前而引起的落后等都会对房产价值带来影响，导致消费者购买欲望的下降。

再次，房产项目人文环境的好坏与房产价值也是成比例增减的。同样的房产，由于人文环境的不同，其价值可能会有惊人的差异。比如，某社区人文环境越来越差、治安不良。那么，这里的房价肯定要大幅贬值。因为没有多少“勇敢”的人愿意以身涉“险”。

最后，因为房产都有自己的“保质期”。随着消费者品位的提高，不是所有的房产项目都可以升值。投资者在置业时，应敏锐地注意新经济对房产发展的影响，发挥超前观念，选择符合新一代房产特征，适应信息化时代的房产作为投资对象，从而更好地规避由于房产落后造成房价下降的风险。

置业还有可能承担的一种风险，就是自然灾害带来的地震、洪水、火灾等自然风险。天灾人祸，无法预测。这种风险也会使投资者遭受无法避免的损失。

以上情况是每个投资者都可能遇到的。因此，投资者在进行投资时，一定要具体情况具体分析，做到谨慎投资。只有这样，才可以避免不必要的经济损失，将各种风险合理规避，把损失降到最低。

如何投资小户型

个案资料

王先生在与同事聊天时曾谈到，希望将自己一室一厅的一套住宅再“存”上一年。他坦言，这套40多平方米的小户型住房，价值在25万元左右。如果把这笔钱存起来，那么按1年期定期存款利率2.25%计算，1年利息也就5 600元左右；而现在出租房屋，月租金为800元，年收益可达9 000多元。这么算下来，存票子实在不如“存房子”。

相比人民币利率处于低位，租房5%~20%的回报率显得非常可观。据房产理财公司介绍，在央行数次降息之后，类似王先生这样会“精打细算”、“存房子”的人越来越多。更多的小康家庭选择了“存房子”，而不是存票子。

房地产市场在经过豪宅、高档公寓等的轮番轰炸后，高端消费群体的购房需求基本上得到了满足。于是，开发商和投资者的目光开始转向小户型。

所谓小户型是指面积在40~60平方米不等，户型结构一般为1室1厅、1室1厅1卫加1厨等型。小户型以其“低总价、低首付、

低月供”特点，逐渐成为购房者和投资者的“宠儿”。

一、投资回报率

大部分的消费者表示，相对大户型而言，小户型单位面积的投资回报率更高、空租率也较低。投资者预期的收益大致分两类：低买高卖的差价收益和租金回报。

从出售转让来看，由于小户型的总价低，相对于大户型来说，其变现速度更快，因此也更容易出手。

而从出租的角度来看，一个位置好、户型好、环境不错的小户型，其租金价格要比一般大户型的租金价格高，可以用相对低的投入获得相对高的投资回报率。比如：花 100 万元买一套 140 平方米的大户型和花 50 万元买一套 70 平方米的小户型，虽然一个是大二居，一个是小二居，但在租赁市场上，由于所处位置的不同，小二居的租金往往在2 500元/月左右，大二居的租金在3 000元/月左右。这样算下来，小户型的投资回报率就比大户型高多了。

出租投资回报率的计算公式为

$$出租投资回报率=\frac{月租金\times(12-空置期)\times(1-10\%)\times100\%}{总房价+各种附加费用}$$

二、购买小户型的注意要点

人们购买房屋，除了用来居住外，更希望能住得舒适。因此，房屋的设计，应从购买者的角度出发，充分体现出个性化和舒适性。投资者在购买小户型时，应该注意以下 5 点。

1. 户型选择

很多投资者对小户型情有独钟，以为小户型出租率高、风险小。小户型大多集中于50 平方米以下的一居室，由于空间面积有限，居室如何分割就显得非常重要。投资者最好选择独立功能分开的户型。比如，厨房与卧室适当地隔开，这样，无论是自用还是出租，都有助于提高居住的舒适度，也更能使租房者满意。

2．建筑结构

从建筑结构来讲，全剪力墙结构是目前最好的建筑形式，其优点在于抗震度比较高、安全性好等。但是，该结构一旦建好，就不能随意改动。因此，投资者在购买之前，一定要注意观察市场上各种房屋的结构，选择自己需要的房屋。

3．个性化装修

小户型的装修大多采取统一模式。但是，一些投资者可能不喜欢开发商的设计，更愿意买毛坯房来自己设计装修。因此在选房产时，一定要结合自己的爱好和装修风格。

4．周边环境

周边环境包括地段、交通、购物等，这是购买任何房产项目都要注意的一环。小区所在位置是否有便捷的交通，空气好不好，绿化怎么样，有无噪声污染源，比如火车或者轻轨；去餐饮、娱乐场所是否方便等，这些都是投资者事先要关注的。

5．隔音效果

居住小户型房屋有住户多且密集的特点，如果小区周边比较嘈杂，容易给人一种集体宿舍的感觉。因此，墙壁的隔音效果一定要好。否则，四邻的起居走动都可能互相影响。

另外，对于投资人来说，小区物业管理非常重要，其水平高低将直接影响房产的保值和增值能力。如果物业管理水平差，就会导致房产的租金和售价下降。因此，在投资时，还应仔细考察物业管理公司的品牌和服务水平。

三、做好面对风险的思想准备

收益和风险总是并存的。虽然目前小户型炙手可热，但是从投资的角度来说，购置小户型无论是用于出租，还是等待升值“抛售”，其中都蕴涵着风险。因此，投资者一定要有充分的思想准备。

1. 功能不全、质量“缩水”导致投资回报下降

不少开发商急功近利，在当前小户型市场热销的情况下，片面追求数量而忽略质量，将烂尾楼、老旧社区简单改造、增加配套设施，或者将一些存量房改造为小户型，甚至利用现成地块中的边角料设计小户型。

因而，目前有相当多的楼市存在朝向、走道、绿地、车库功能不全，装修质量差，物业管理不到位，物业管理费用价格较高等问题。因此，投资者在购入时，一定要认真观察所购房产是否存在这些问题。盲目购入的话，将会影响未来的增值和出租收入。

2. 租金没有想象的高

许多投资者对一些房屋的出租水平抱有幻想。其实，租金的涨落及出租率的高低受多方面因素的影响。一般情况下，住宅投资回报率与人们对住宅投资市场的关注度成反比，将小户型用于出租获取回报的人越多，租赁市场的租金水平就越低。

同时，由于小户型热销，几年内开发商将大量小户型投放市场，同一区域内小户型供应量的增加，导致了房产和租赁市场的价格下降。另外，同一地点的出租供应量剧增，容易造成相互压价。因此，投资者应尽可能估计租金的最底线，为投资所应承担的风险早作准备。

3. 支出比想象的要多

投资就要有回报，减少支出就等于增加收益。置业，除了购房款，还有装修费、家具、家用电器、物业费、空置成本、出租损耗、时间成本等一系列的费用。虽然现在小户型有全装修房型，但这也会增加成本，而这些成本自然都摊向了房价，从而增加了投资者的支出。

4. 土地使用年限有“陷阱”

按照城市住宅设计标准，一套单独住房面积不应低于 55 平方米，而开发商为了赚取更多的利润，把大部分小户型的面积控制在30～40平方米之间，以此来降低小户型的总价。因此，开发商只能按商住性质给小户型立项，并冠以“酒店式公寓”的名称。

而按照有关规定，普通住宅的土地使用年限为70年，而酒店式公寓却不超过50年，至于那些个别由烂尾楼改造的楼盘，土地使用年限则只有40多年，这就意味着将来购房者要补地价或支付地价税，从而也就提高了购房价格。

5. 物业管理水平的高低

现在的物业管理水平亟待提高，即便是那些标榜高品质的品牌物业管理公司，离现代化、专业化、市场化的国际物业管理水平还有不小的差距。而作为“北漂一族”、高级白领、外籍人士等，他们对物业管理的水平要求较高，所以物业管理水平的高低很有可能左右租金和出租率。

综上所述，投资者在投资时要量力而行，尤其是第一次进行置业的投资者，千万要三思而行。

四、小户型投资技巧

投资小户型关键是要把握市场先机。同时，要注意投资技巧。如入市时机的确定、装修标准或装修套餐是否能符合自用或出租的需求，等等。总之，投资者主要应注意以下4点。

1. 精选地段

地段的价值在房产的价值结构中占有绝对强势的地位。好地段的小户型楼盘抗跌性更强，投资也更安全。无论是自住，还是将来投资，好地段的房子出租更容易、租金价格也更高。

如果将小户型作为自己的过渡居所来使用的话，投资者在买房时就一定要考虑项目的投资前景和升值潜力。对于小户型投资来说，选地段就是选商圈。邻近商圈的房产，可以实现较为理想的短期租赁回报，而商圈中土地的日益缺乏也会给房产促成明显的升值空间。

2. 圈定客户

租赁小户型的客户有很多种，包括年轻白领、高级商务人员、长期在京的高级打工者和外籍人士等。因此，在选择小户型项目进行投资时，首先应圈定该小户型项目可能的出租对象，清楚地知道自己的房子要租给谁。

另外，投资者还要分析目标承租人在面积、居住环境方面的要求是否与其可能承受的租金相协调。只有在明确了可能的承租人群后，才能更好地分析可能的投资回报。

3. 认准产品

对于投资型楼盘来说，产品的特性相当明显。小户型既不是指一居室的小套型，也不是指绝对的小面积。楼盘的大小、户型、物业定位都需要根据其所处的位置、未来面向的客户进行判断。

比如，某处打工人士较多，个人居住几十平方米的小套型最适合。而如果该地的外籍单身人士较多，那么小户酒店式公寓的户型将更适合他们。

4. 选择“原创”小户型

市场上的一些小户型产品原本并不是小户型，而是根据市场变化仓促改为小户型的。这种产品表面上看户型比较小，总价比较低，和“原创”小户型项目没多大区别。但实际上，这样改造的小户型项目设计可能非常不合理，有的一梯十几户、有的没有厨房……因此，投资者在买房时，还是应该选择“原创”小户型。

小户型赚钱就赚在一个“小”字上。但是“小”也要以舒适和适用为前提。因而，投资者在选择小户型时，既要知道目标市场在哪里，也要牢记以上4大技巧。

如何投资二手房

个 案 资 料

2002年的时候，王先生购买了一套60平方米使用面积的二手二居室，成交价18万元。根据家庭经济情况，他选择了首付8万元、10年期10万元的银行按揭贷款方式。按当时的住房贷款利率和月均还款法计算，10年内共需还本息130 700元，其中利息30 700元，月均还款1 089.2元。

在利率不变的前提下，如果王先生将10万元存入银行而不购房，按定期年利率2.25%计算，他可得的利息为2 250元。而将该款项购房出租，可收入年租金18 000元。由此可见，若投资二手房，除偿还银行利息和本金款外，王先生每月还有18 000/12 - 1 089.2 = 410.8（元）的盈余。那么，一年可获得4 929.6元收益，多于银行储蓄。

一、投资优势

随着住房二手房交易的不断升温，人们越来越多地认识到二手房投资的好处。其投资的赢利方式与投资商品房一样，但与投资商品房相比，它又有其自身的优势。具体表现在5个方面。

1. 现房优势

二手房是百分之百的现房，投资者对质量、结构、室内外装饰、配套设备等可以一目了然，不用承担期房风险。比如，在购买新房时，小区内的环境只能依据开发商唯美的广告宣传，或是模糊的口头和书面承诺来确定。而如果购买二手房，就可以在对小区内部考察清楚后再作决定。

2. 物业优势和配套优势

购买新房时，物业管理通常无法选择，一般是由开发商指定，投资者心中完全没底。但在购买二手房时，投资者则可以实地考察，或者通过询问小区其他业主进而了解物业管理的优劣，从而作出正确的选择。

3. 价格便宜

随着二手房价格的下降，加上有关二手房交易费的下调，投资二手房的风险也逐渐降低。对于投资者来说，一套二手房与同地段条件相当的商品房相比，价格通常是商品房价格的2/3左右。这样，投资者不必占用很多资金，经济上和心理上的负担也相应减少了。

4. 回报率高

有关资料显示，好地段的房屋每年的租金收入一般在房价的6%~8%。楼房的年折旧率为2%，扣除折旧因素，实际年租金收入为房价的（年收益率）4%~6%。而二手房产价格受折旧和其他诸因素影响，比市场上新房价格便宜很多。因此，其实际所得收益会高于上述的年收益。当遇到房产价格上扬到一定幅度时，还可及时上市转让以获得更大的收益。

5. 产权交易优势

有人说，二手房交易中产权纠纷比较多。其实这些纠纷大多发生在租赁交易过程中。如果是买卖交易，那么产权的辨识是很容易的。上市买卖的二手房，房主通常都已经取得了产权证，签订房屋买卖合同后，就可办理产权变更和产权过户手续。

投资证件齐全的二手房可以很快拥有房屋的所有权，并可以在购买之后立即出租，容易变现。因此，只要事先验明产权，就可以把投资风险降到最低。而商品房的买卖，由于发展商的急功近利，房子卖出去后，产权证却长期办不下来，从而时常发生纠纷。

二、投资原则

进行二手房投资时，要多了解市场的价格走势，多看几个小区的房源及周边环境，然后根据自己的投资计划，选择一套比较有升值潜力的房源。一般来说，有升值潜力的房源并不是当时看起来就很完美，而是未来具有较大的升值空间。投资二手房时应注意以下4个原则。

1．考察房屋的地段优势

地理位置、周边环境和交通状况等外部条件对房屋投资收益的影响很大。一般情况下，城市的商业区、科技区及中心生活区的房屋需求量往往比其他地区高出许多。但是，这些被人们看好的地区，基本上已经按照规划建成了许多房屋建筑，新商品房的开发余地很小。于是，占据有利位置的二手房在此时就显示出了自身的优势。

2．观察房屋的内部结构

投资者要看户型是否合理，有没有特别不适合居住的缺点；管线是否太多或者走线不合理；天花板是否有渗水的痕迹；墙壁是否有开裂或者脱皮等明显问题，都与房屋的结构有关。此外，还要看房屋是否有搭建部分，如占用屋顶平台、走廊的情况，或者屋内是否有搭建的小阁楼等问题。

3．考察房屋的市政配套设施

投资者在购房前，应该对以下情况进行检查：打开水龙头观察水的质量、水压；确认房子的供电容量，避免出现夏天开不了空调的尴尬；核实煤气的接通情况，是否已经换用了天然气，等等。

4．摸清房子的装修状况

投资者在看房的过程中，往往会发现房屋有刚被简单装修过的痕迹。这种装修掩盖了房屋本身的一些瑕疵或缺陷。如，墙壁上的裂缝、天花板渗水的水印和返潮发霉的痕迹。而这些改造是被小区物业管理公司明令禁止的。

投资者遇到这种情况时，一定要先向物业管理公司反映，问问物业管理公司是否知道这些改动。否则，一旦达成交易，待将来物业管理公司发现问题，追究起来，责任就难以区分了。

地段是租金高低的主要决定因素，但房屋的装修情况和屋内配套设施是否齐全也会对租价造成影响，一般承租人都愿意选择那些带简单装修，家电配置（如彩电、冰箱、空调、热水器等）较为齐全的房屋。因此，投资者一定要进行综合考虑。

三、二手房投资的准备工作

随着房产市场的火热，一些鱼龙混杂的现象开始出现，特别是在二手房的买卖中，问题更是层出不穷。投资者要想做到花了巨款之后，既能买到称心如意的房子，又能不惹出麻烦，因此，在购买二手房前，必须把准备工作做好、做足。

1. 了解二手房的市场需求

二手房建筑面积一般在40～90平方米之间，大多在商业区或繁华地段，它主要适合三类人：城市打工族、尚无经济实力购买新房的居民；一些老年人因各种主客观原因会逐渐与儿女们分居，他们中的一部分也会选择此类房产颐养天年。总体上说，此类房产有相当大的市场空间。

2. 估计家庭的财政实力

有多大的头就带多大的帽子。进行二手房投资，一定要估计家庭的经济实力，视家庭的实际经济情况安排投资。

正确估算家庭的经济实力，首先要估算家庭的流动资金和固定资产，主要指手头或银行的现金，以及家中可以抵押的东西，如银行存单、债券、基金等。接着，要预留一定的资金用于保证正常生活。专家建议：家中的流动资金不得少于3个月家庭开支数量的总和。

如果是贷款投资，经济上将存在一定的风险。但是，如果选择还款额不超过家庭月收入的40%、贷款总额占房产总额50%以下，那么，这种方式仍是一种可行的理财方式。

3. 算准资金投入成本

房产的前期投入是一笔不小的数额，主要包括二手房款、按揭、中介费用和装修投入。二手房款是指房子本身的房价，可分为一次性付款和按揭贷款。一次性付款直接支付二手房款、交纳税费，费用构成较简单；而按揭方式支付的费用有：首期付款、按揭手续费、保险费、公证费、契税。应该注意的是，按揭所产生的利息费用也是应该算进投资成本的。

4. 确认卖房人是否具备交易资格

购买二手房时，要注意卖方有没有从事房屋交易的资格，签合同时，一定要与房屋的权属人签署。如果卖房人非房屋所有权人，也没有获得房屋所有权人的有效授权，则投资者应对卖房人的资格进行必要的审核和判断。作为投资者，可以要求卖房人提供相关的证件，从而判定房屋的可买性和安全性。

5. 寻找专业投资中介

在二手房的买卖或出租中，专业中介是必不可少的。资深的中介可以协助投资者处理投资过程中出现的各种小问题，给投资者提供便利。在选择中介机构时，要查验经纪人的资质证书和营业执照，等等。

比如，在交易时，选择一家信誉良好的中介公司办理相应过户手续、交接房款等事宜。这样既能简化投资程序，也可以从根本上避免因缺乏相关经验造成的损失。

6. 调查交易的房屋是否具备交易资格

以下房屋都不具备交易资格：用于交易的房屋，为非法建筑或已被列入拆迁范围的；房屋权属存有争议的；房屋权属共有、出卖人在出卖时未经共有权人同意的；房屋已出租他人，出卖人未依规

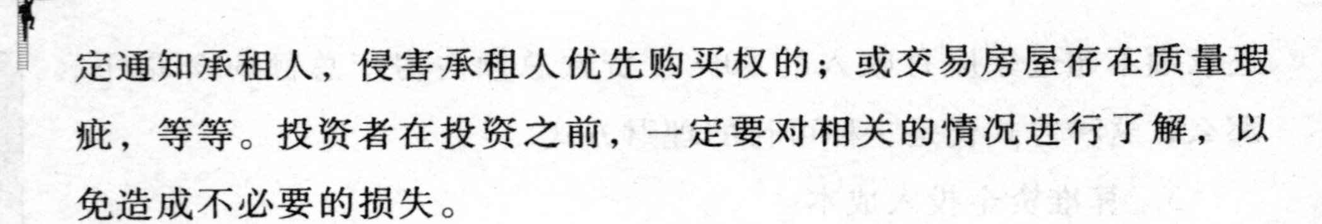

定通知承租人，侵害承租人优先购买权的；或交易房屋存在质量瑕疵，等等。投资者在投资之前，一定要对相关的情况进行了解，以免造成不必要的损失。

个案资料

有一个三口之家，儿子为了谋取不义之财，瞒着父母把房产证和私章偷出，同时还伪造了委托书，将房子卖出。事情败露后，买房人既搬不进去，也讨不回钱。像这种情况，如果在事先能查明，完全是可以避免的。

7. 明确自己的权利和义务

签订书面房屋买卖合同时，应尽可能地在合同中约定交易双方的权利和义务。防止因交易中约定不明引发争议或卖方利用合同进行欺诈。这就要求购房者了解二手房交易的相关法律法规的规定，避免合同陷阱。

总之，准确地判断二手房的价值、市场前景及自己的承受能力，并把投资风险降到最低线，最快地达到预期的资本价值，是投资者必须做的准备工作。

四、投资方式

1. 长线投资

长线投资即出租房屋收取租金。对于一个城市来说，常住外来人口不断增加，其中绝大多数人都需要通过租房解决居住问题，加上该城市本地的租房者，租房大军不断扩大。随着城市不断加快发展的步伐，房屋的租赁需求会变得越来越大，租金价格也会随之提高，整体形成一个稳中有升的态势。

2. 短线投资

短线投资主要靠买卖房屋，赚取差价利润。随着近几年房价的不断攀升，二手房总体价格已经趋于高位。而且伴随着央产房的逐步放量，以及符合“经改商”政策的经济适用房的上市，这些都会对二手房买卖市场造成冲击。

对于二手房的投资，要结合各地区的实际情况，留有选择空间和余地，有计划地把二手房产作为一种投资和理财渠道。投资者只要能找到投资的最佳切入点，获得收益当在情理之中。

五、投资技巧

个 案 资 料

小刘在深圳工作时，买了两套房：其中一套是二手房，因为地段不错，小刘当时一眼就看中了。果然该房产升值较快，最后卖了一个好价。

后来他调到广州工作，没过多久就碰上了单位房改，有些同事由于工作的调动就想卖了房子。小刘意识到这可能是一个好机会，便下定决心用40万元买下了一套房。过了一段时间，已经有人愿意出50万元甚至更高的价格购买这套房。

在与朋友交流时，小刘说，逢低买入是他在置业时最大的“秘诀”。后来，他又以低于原价近一半的价格买了一套委托拍卖的房产(当时房产证能否拿到还是个问题)。不久，该房子的房价已经从原来的一平方米4 000多元升到了6 000元。小刘认为还会有继续升值的空间，等待着有好机会时把它卖出去。

置业者在进行投资时，除了逢低买入，把握买卖的最佳时机外，还要掌握其他的投资技巧。

1．选择附加价值高的房产

投资二手房时要多看。一看房子所在地是否有足够的人气。二看房子所在地是否有良好的周边配套环境和市政配套。同时，要对房屋配套设施进行考察。二手房通常有一定的历史，虽然配套成熟，但可能不完善。三看房屋附近交通是否便利。四看户型设计是否可

以稍作一些改造就能使其升值。这些都是提升房屋租住价值的依据。

2. 货比三家

影响二手房价格的因素很多，某一区域或某一套房子都有可能有不同的升值可能，这一点与商品房有所不同。所以，投资二手房要多看房源，做到“货比三家”。

对同一供需圈内、规模相当的二手房，必须对其价位、建筑面积、户型结构、建筑年代的差异性、装修标准、是否拆迁、配套设置是否成熟等方面作比较。到交易时，再综合这些数据，确定评估对象的投资回报率，然后再找准时机出手。

3. 瞄准客户群

客户群能保证日后稳定的租金收入，而好地段、热闹地区的二手房有良好的升值潜力，是客户群所争夺的靶心。如果投资者确定要把房屋出租给公司的，最好选择商住楼，而不要购买居民小区里三居室以上的二手房作为投资。因为，一般公司不会把办公地点选择在居民区里，这是国家政策所不允许的。

最后，要提醒投资者的是：在投资二手房时，要有针对性地搜集房源。搜集住宅信息的渠道很多，包括媒体广告、中介公司、房地产交易会，等等。网上找房可谓是目前最新、最快、最便捷的渠道，只需轻点鼠标，众多楼盘就会出现在投资者的面前，投资者可以根据个人的需求进行有效的选择。

第二十五节　黄　金

如何进行个人实物黄金交易

一、需要掌握的基础知识

1. 个人实物黄金交易有别于纸黄金业务

上海黄金交易所推出个人交易，通过商业银行做代理，在整个黄金界引起了很大的关注。因为黄金市场从开始到现在的发展过程，交易模式和交易品种都有了很大的进步。中国的炒金市场已经被市场中的投资者所接受。据了解，金交所所推出的个人黄金炒金业务跟原来银行纸黄金业务有所不同。

原来在银行系统推出的纸黄金业务，最早是中国银行的黄金宝，后来有工商银行的金行家，它们最大的特点是没有实物黄金的交割(除上海工行的试点运行之外)，投资者在银行里面做记账式的黄金买卖，只是买卖它的价格，赚取价差，没有实物交割。上海金交所推出个人炒金办法，主要还是通过会员，比如大型金商或者商业银行推出，跟以前的纸黄金最大的不同是有实物交割。交割地点不在银行，而在上海金交所，这对投资者来说有着很大的便利，首先在银行柜台做黄金交易的时候，不需要拿实物黄金做交易，避免了储存保管过程。其次有了上海金交所实物交易做支撑，又可以引起市场价格的波动。因为所有的买卖，现货市场跟国际市场都可以接轨。

这是两种不同的概念，金项链、金戒指除了本身的黄金属性之外，还具有装饰功能。如果做投资型黄金只有投资的功能，作为投资者要了解回购的渠道畅通不畅通，包括高赛尔公司也好，或者伦亚公司也好都可以进行回购，是根据国际定盘价回购的。

真正投资黄金不是买金项链，而是要买投资型的黄金制品，比如含金量是 Au9999 的，不能是三个 9 的。目前国内很多厂家都推出了很多投资型黄金制品。

现在市场上除了投资类的金条，还出现了各式各样的纪念性黄金制品，比如以奥运为题材的金币、银币、纪念币。纪念性黄金制品的价值是根据纪念事件本身的价值而定的。如果纪念事件意义不大，回购者就把它看做黄金，就按原料进行收购。所以，投资者真正投资黄金实物的话，应该买投资型的黄金制品。

实物黄金交易风险收益存在双刃剑收益率的问题，不论是做实物交易，还是做保证金交易，收益都会非常高，而且金价波动幅度很大。如果前几年买一个金条的话，但是这种投资的风险也很高，投资者要注意，这是双刃剑，不要认为黄金价格波动很大，收益会很多，但是反过来，也可能亏得更多。

2. 短线交易实物黄金同样要注意风险控制

做黄金交易，要看中长线的行情，一定要看好一个月或者一个季度后的行情后再来做，这样有可能用最少的成本获得最大的利益。同时，你的资金量要够大，比如你投入 50 万元、100 万元做黄金投资，不要一下子用所有的钱买黄金。持仓量不要太大，买黄金的资金占总投资额的比例最好控制在不要超过 50%，为保险起见，控制在 20% 比较合适。比如你有 100 万元，就拿 20 万元买黄金，万一行情看错了，可以有更多的资金撑住，如果行情不错的话，可以有更多的资金继续投入。因为每天黄金价格波动的幅度至少 5 美元，有些时间一个晚上波动十几、20 美元，如果持仓量非常大的话，风险则非常高。因此，20% 的比例比较合适一点。我们投资应该保证自己的安全，至少保本。如果血本无归，投资还有什么意义？

3. 想炒黄金先要了解国际市场

投资者首先要彻底了解黄金市场，了解黄金市场的运作规律，掌握基本的知识，比如，影响金价波动的因素是什么？影响金价波动的因素在不同的时期作用又是不一样的。又比如，美元走势的影响，美国一些经济数据的影响，地缘政治、石油供应、黄金现货、金矿产量（增产/减产）等，很多因素都会起作用。如果投资者不了解这些，盲目把黄金作为投资品种来做的话，难免会失误。

另外，做黄金投资光看K线图是不行的，因为K线图没有成交量，只有开盘价、收盘价、最高价、最低价，因此是不完整的。最主要的是掌握基本面的信息变化，最及时、最全面地掌握基本面的信息，这样，投资者把握黄金价格的趋势就会准确一些。

资料显示，发现从某年前一年6月到某年7月，黄金价格最高价和最低价的价差大概150美元/盎司，可想而知，这个波动幅度有多大。把握这个趋势就等于把握了投资的机会。如果你看准了行情，不一定要把握100多美元，只要把握5美元的价差，就有盈利的空间。

二、交易技巧

1. 个人实物黄金交易方式更加便利

实物黄金交易可以做T+0，在一天之内可以频繁交易，不像以前T+D要延迟到3~5天之后才可以交易黄金。这样交易方式更为便利，可以吸引更多的投资者进来。整个金融投资市场，外汇、黄金需要很活跃的投资者进来，才可以流通起来。

2. 交易成本相对国际偏高不宜短线操作

上海金交所个人炒金业务开放以后，主要是通过会员来做，也就是说投资者不能直接进入上海金交所进行交易。上海金交所手续费通过两笔交，一是个人投资者必须交给上海金交所，是万分之六。二是投资者要交会员费。会员交费获得服务，上海金交所给出规定，收个人投资者的手续费不能超过万分之十五，由会员自己调节。这两种费用加起来，要看会员怎么收了，比如会员费万分之十五，加上上海金交所万分之六，就是万分之二十一，手续费比国际上的炒金收费高很多了。现在为了活跃市场，把投资大门打开，允许个人投资者进来。很多投资者不了解这个市场，这个市场跟股票市场完全不一样，现在有的人炒黄金还是带着炒股票的思维来做，低了就买，高了就抛。黄金不一样，黄金价格波动幅度不比股票市场小，甚至还要大得多。很多短线投资者因为不了解黄金市场价格波动规律，往往面临很大的风险。

3. 国内与国际黄金市场交易制度的区别

国内与国际黄金市场交易制度相比较，有下面几个区别：

（1）报价方式不同。上海金交所报价，是买方和卖方的会员自己报价，然后金交所有一个系统撮合成交。境外盘完全是做市商以国际金价为基准报出价格，国际市场没有统一的价格，每个市商报的价格和价差不同，所以做市商报的价和交易所撮合出来的价格是不一样的。根据以前的经验，上海金交所的价格和国际交易所的价格也有所不同。

（2）交易时间不同。境外盘基本上是24小时交易，从周一早上到周六凌晨。金交所白天两个时间段加上夜市，交易时间相对有限。

（3）交易方式不同。境外盘已经发展到以网络交易为主，辅助电话交易，目前金交所通过商业银行的会员交易方式，先到银行的柜台记账，通过一系列的手续，交易起来没有网络交易那么便利。当然优势也很明显，有国家银行做保证，信誉度很高，有金交所的实物黄金在后面做支撑，投资也很放心。

（4）比较大的差别就是交易成本不同。国内盘的交易成本相对于境外盘来说要高。

4. 黄金投资市场国际化是未来发展趋势

这是未来发展的趋势。上海黄金交易所2002年4月试运行至今不断改革，包括增加夜市等，不管怎么改革，都是要从国内市场走向国际市场，要从商品市场走向金融衍生品市场，所以上海交易所的交易品种会越来越丰富，包括原料金、100克金，到现在的T+0都是往这个方向发展的。

三、风险收益

1. 作为资产配置工具黄金必不可少

不单个人投资者，应该增加的投资品种，包括黄金等。黄金属于资源，资源具有不可再生性，这就体现了它的保值增值功能。

2. 不同的黄金投资产品适合于不同的投资者

实物金条适合炒长线的投资者，希望资产保值，增值放在其次。做纸黄金，没有实物交割的，保证金交易的投资者适合炒短线。有一个前提，炒短线的投资者需要很大的资金量才可以炒得起来，才可以输得起。不同的资金量对炒黄金的目的不同，就要采取不同的方式。

3. 炒实物黄金要注意区分投资型金条与工艺型金条

要区分两种实物金条，一种是投资型的实物金条，比如我们以前推广的高赛尔金条，报价是以国际黄金现货价格为基准的，加的手续费、加工费很少。另一种是工艺品式的金条，会溢价很高。虽然比一般的价格高很多，但这已经不是纯黄金了，而是工艺品了。所以要看投资者想买哪种黄金。

黄金投资新手赚钱技巧

一、控制情绪

投资者必须心平气和，控制自己的情绪，对于市场突如其来的

变化，必须冷静应对，否则将由于举棋不定而坐失良机或蒙受损失。入市前最好能准备好应对各种可能性，这样在遇到市场突变时也不至于觉得太意外而手足无措。

二、从小额交易开始

对于初入市场的投资者而言，必须从小额规模的交易起步，且选择价格波动较为平稳的品种介入，逐渐掌握交易规律并积累经验，才增加交易规模，并选择价格波动剧烈的品种。

三、避免急功近利

在交易中不应急功近利。投资者在交易中不应根据自身主观愿望入市，成功的投资者一般将自身情绪与交易活动严格分开，以免市场大势与个人意愿相反而承受较重风险。

四、随时准备接受失败

保证金投资是高风险、高盈利的投资方式，交易失败在整个交易中将是不可避免的，也是投资者逐渐吸取教训、积累经验的重要途径，投资者面对投资失败，只有仔细总结，才能逐渐提高投资能力、回避风险、力争盈利。

五、学会观望，稍事休息

每天交易不仅会增加投资错误概率，而且可能由于距离市场过近、交易过于频繁而导致交易成本增加，观望休息将使投资者更加冷静地分析判断市场大势发展方向。在投资者对市场走势判断缺乏足够信心之际，就应该观望，懂得忍耐和自制，以等待重新入市的时机。俗话说：做多错多。宁可错过，不可做错。机会是无时不在的，要把握机会是需要一双雪亮的眼睛而不是静静地去等待某一个空虚的时机。

六、设置严格且合理的止损位

交易前投资者必须设置严格的止损位，以将可能发生的亏损控制在可以忍受的范围之内，止损范围设置过宽将导致亏损较重，止损范围过窄将导致持仓被较小的亏损轻易振荡出局，从而失去盈利机会。

七、不被别人所左右

不要轻易让别人的意见、观点左右自己的交易方向，投资者一旦对市场已确立一个初步的概念，就不要轻易改变。交易计划轻易改变将使投资者对大势方向的判断动摇不定，并可能错失良机。别人的意见是用来参考的，最终的决策还是在于自己。不迷信专家，不听信大众传言，要坚守自己的判断。

八、把握入市机会

投资者在价格处于突破一段时期的极限位置时，应进行买卖交易。当价格有效突破上一交易日、上周交易、上月交易的高点、低点之际，一般预示着价格将形成新的趋势，投资者应当机立断，分别进行买卖交易。特别是超短线操作，入市价位至关重要。

九、如何加单

当投资者持仓获得浮动盈利之际，如加码持仓必须逐步缩小，累计加单量不宜超过原来的单量。合理控制风险，而不是让风险越来越大。

十、及时反应

当市场价格走势与投资者建仓方向相反之际，投资者应果断采取措施退出交易，以保证亏损处于尽可能低且可以承受的范围之内。一般而言，亏损的持仓不应持有超过两个至三个交易日，否则将致使亏损越来越大，投资者将蒙受重大亏损并失去继续交易、反亏为盈的机会。及时止损，同时也就是给自己保留一个赚钱的机会。

十一、让盈利积累

获小利而回吐，将可能导致投资者由于盈小亏大而最终投资失败，当市场大势与投资者建仓方向一致之际，投资者不宜轻易平仓。要懂得做长线，做长期的投资。

十二、有暴利做好平仓准备

当投资者持仓在较短时间内获取暴利，要首先在思想上做好平仓的准备，再去研究市场剧烈波动的原因，否则将错失获利良机。剧烈波动的行情风险性最大，往往先上场后再来个大反转，这种情况亏的会比赚的多很多。

十三、学会做空

对于一般初入市的投资者而言，逢低做多较多，逢高做空较少，而在商品市场呈现买方市场的背景下，价格下跌往往比价格上涨更加容易，因此投资者更应把握逢高做空的机会。价格往往是升得慢，跌得快而且急。

十四、不要过分计较入市价位

当投资者确认趋势发展方向并决定交易时，不要由于买入价设置过低、卖出价设置过高而失去可能获取一大段波段走势的盈利，应尽可能保证建仓成交。如果对价格走势比较有把握时，不要过分追求最好的入市价位，可适当地放宽 2～5 元的空间，保证“有得赚”。或者可先轻仓入市，待市场更加明朗，价位更好时加单。

十五、建仓数量不宜太大

交易操作上一般重仓不能超过 1/3 开仓，必要时还需要减少持仓量以控制交易风险，由此可避免资金由于开仓量过大、持仓部位与价格波动方向相反而蒙受较重的资金损失。

十六、不要随便改变计划

当操作策略决定之后，投资者切不可由于黄金价格剧烈波动而随意改变操作策略，否则将可能错过获取较大盈利的时机，同时也可能导致不必要的亏损或仅获取较小的盈利，另外还要承受频繁交易所导致的交易手续费。

十七、不要随波逐流

历史经验证明，当大势极为明显之际，也可能是大势发生逆转之时，多数人的观点往往是错误的，而在市场中赚钱也仅仅是少数人，当绝大多数人看涨时，或许市场已到了顶部，当绝大多数人看跌时，或许市场已到了底部，因此投资者必须时刻对市场大势作出独立的分析判断，有时反其道而行往往能够获利。

十八、不要以同一价位买卖交易

投资者建仓交易之际，较为稳妥的方法是分多次建仓，以观察市场发展方向，当建仓方向与价格波动方向一致时，可以备用资金加码建仓，当建仓方向与价格波动方向相反之际，即可回避由于重仓介入而导致较重的交易亏损。

十九、不要止损后再同一方向下单

这样就等于把止损扩大，同时亏了更多手续费，风险性相当大。

二十、不要期望最好价位

能偶然一两次抓到顶位和底位是运气，而逆势摸顶抑或摸底的游戏将是极度危险的，当投资者确认市场即将转势时，应随时准备入市，“差不多”就好了，毕竟投资的目的是赚钱而不是去抓入市位。

2012 中国黄金市场的五大黄金投资产品

黄金投资，选对投资产品非常重要，而在近年来，黄金投资在我国发展很快，投资渠道和产品都在增多。比较详细地说，我国市场有五大类黄金投资产品可以供投资者选择。

第一种是由各大黄金企业推出的投资型金条。投资者可以通过这些企业设立的各种门店或者是分销渠道购买，各大银行相关柜台也有这类金条销售。

第二种是纸黄金。目前只有银行做这种业务，投资者用网上银行，就可以进行买卖。它流动性较强，但不能提取实物，多了一重信

用风险。

第三种是黄金基金。目前上市的有3只，分别由诺安、易方达、嘉实3家基金公司推出，投资者可通过基金账户购买。

第四种是黄金衍生品的投资。比如通过上海期货交易所参与黄金期货，通过上海黄金交易所以及天津贵金属交易所等，参与黄金现货保证金交易。这类投资由于采取的是保证金杠杆制度，风险较大，对投资者的素质要求较高。

第五种是在股票市场买入黄金相关类企业的股票。这类投资属于间接投资，不仅要看黄金价格的走势，还要看股票市场的整体行情。总体来说，通过这些年的发展，我国黄金市场的交易品种已经很丰富了，可以说，基本能满足不同人群对黄金投资的需要。

第二十六节　信　托

信托的基础知识

信托就是信用委托，信托业务就是一种以信用为基础的法律行为。我国随着经济的不断发展和法律法规的进一步完善，于2001年出台了《中华人民共和国信托法》，对信托的概念进行了完整的定义。

《中华人民共和国信托法》第二条规定："本法所称信托，是指委托人基于对受托人的信任，将其财产权委托给受托人，由受托人按委托人的意愿以自己的名义，为受益人的利益或者特定目的，进行管理或者处分的行为。"

简单地说，信托就是一种财产转移或管理的设计或手段。它作为一种严格受法律保障的财产管理制度，通过基本的三方关系——委托人、受托人和受益人来更安全、更高效地转移或管理财产，从而满足人们在处置财产方面的不同需求。

信托涉及的范围

一、保护财产

信托资产是以受托人的名义存在，能让投资人隐秘而安稳地掌控财产，免于遭人觊觎。

二、财产管理

金钱、股票、基金、债券、房子、车子……所有财产都可以信托。

信托不仅能按照投资人的目的，将各种财产权纳入，进行有效的整体规划与管理；还能为投资人量体裁衣，根据投资人的风险偏好，设计各种理财方案，满足投资人在不同生活阶段的需求。

三、照顾家人

经由信托规划，保障未成年子女或挥霍家产子女的生活，帮助家人完成学业创业的理想，避免“富不过三代”的遗憾。

四、养老保障

人有旦夕祸福，何不早早未雨绸缪，为自己和家人养老做好打算。信托能够提供多种投资品种，让投资人的财产在预期中保值增值。

教你如何挑选信托类理财产品

传统的信托类产品主要以房地产信托为主。由于政策调控等原因，房地产信托的收益也在不断上涨，一年期的产品收益甚至高达10%左右。市场传出监管层可能叫停房地产信托的消息，认为房地产信托可能会被收紧。此时，随着股市的震荡调整，一些证券结构化的信托产品则崭露头角。

投资界有一句话：高收益背后潜藏着高风险。那么，信托类产品的风险究竟有多大？

中信银行杭州分行贵宾财富中心某负责人曾经说过，就某个时期而言，证券结构化产品的风险比房地产信托要低一些，但是也要具体分析某只产品的风险控制措施是否到位。

就房地产信托而言，控制风险的措施一般有这么几类：土地使用权抵押、在建工程抵押、母公司担保、公司法人代表提供无限责任担保、相关银行的授信。土地使用权抵押和在建工程抵押是传统的做法，但是一旦市场出现大的波动，这种抵押的风险也就显而易见。而母公司担保、公司法人担保的实际作用并不那么大。银行的相关授信可以化解一定的风险，但是一个信托产品如果有了银行的授信作为风险控制措施，这个产品的收益率必然会下降。如发行过的保利地产的一只信托产品，因为有银行授信，其年化收益率只有6.8%。

而所谓证券结构化产品，是把一个信托分成优先级和一般级两部分，银行代理销售的是优先级部分，当股票下跌时，会首先由一般级来承担风险，但是如果下跌幅度过大，同样会波及优先级。

举一个例子，比如发行一只证券结构化产品，优先级募集6000万元，一般级募集3000万元，用这笔钱买了一只9块钱的股票，如果这只股票跌到6块钱以下，优先级的客户也会面临损失。

评估证券结构化产品的风险，首先要看现在的证券市场情况，其次要看优先级和一般级的比例，最后还要看是否有其他安全措施，比如下跌过程中是否有严格的止损措施，或者下跌到一定程度是否会要求一般级的投资人追加保证金，等等。

五大贷款类信托品理财风险控制

信托产品与其他金融产品一样，分为固定收益类和非固定收益类，这里我们主要介绍固定收益类信托产品的结构。

绝大多数固定收益类信托产品都是贷款类产品，即某企业需要向信托公司申请融资，同时该企业将自己拥有的一定资产按一定折扣抵押给信托公司或提供信用担保，信托公司发行产品向市场募集资金后贷款给企业。多数信托产品中抵押的资产包括：股票（流通

或限售）、成熟物业、土地或在建工程、企业股权等具有可评估及变现的资产。

信托产品的风险级别，主要由其抵押资产的价值以及抵押资产的变现能力来评判，此外融资企业的信用情况以及发行信托产品的信托公司资质背景也是重要的参考因素。目前市场上盛行的信托产品按风险由低到高排序大致可以分为证券结构化信托、基础建设类信托、股票抵押融资类信托、房地产类信托、未上市企业股权抵押类信托。

贷款类信托产品的收益率主要与风险级别相关，风险级别越高收益率也会越高；其次与信托产品期限相关，期限越长收益率越高；信托产品收益率还与发行时市场利率有关，加息通道期信托产品的收益率也会提高。

贷款信托品风险控制要点

各类贷款类信托产品风险控制要点根据类别而有所不同。

第一类：证券结构化。风险控制首先在于把握融资杠杆，一般不高于1:2;其次是警戒线与平仓线的设定。若融资杠杆为1:1. 成立时按净值为1计算，则警戒线一般为0.75. 平仓线一般为0.65；若融资杠杆为1:2,则警戒线一般为0.85. 平仓线一般为0.75。再次，关注合同内是否就平仓时出现股票停牌的情况给予特别规定。

第二类：基础建设类。风险控制首先要看是否有地方人大批准项目建设的决议。其次了解投资的项目是否符合国家相关政策。

第三类：已上市股票抵押。风险控制首先看抵押率，即抵押价格/市价的值，该数据一般为30%～40%。其次，看警戒线与平仓线的设定，一般为抵押价格的1.5倍和1.2倍；最后，看补仓条款，补现金比补股票要安全。

第四类：房地产抵押。第一，看抵押率，即优先融资总额/抵押资产的评估价值的比值通常为30%～40%。第二，看项目本身的情况，即地理位置、周边楼盘销售价格、房型、目前开发进度，等等。第三，看融资方实力，比如开发商资质、资产规模、银行资信、是否为上市公司，等等；第四，了解信托公司对项目公司的管理权限和管理经验；第五，抵押土地未必比抵押项目公司股权更安全，因股权变现手续比土地简单得多。

第五类：未上市企业股权抵押。首先，看抵押价格，未上市企业股权抵押价格一般参照企业每股净资产对折，若借款人资信情况良好，信托公司也可能适当提高抵押价格。其次，由于抵押资产流动性较差，因此对贷款人的实力需要考察。再次，看融资资金主要用途及还款来源是否有保障；最后，了解抵押价格还可能与被抵押的企业是否有上市预期有关。

信托投资需避免的三大误区

尽管信托的门槛高达百万元以上，但购买的人有增无减，某银行代理了一家工商企业的信托项目，数亿元的额度很快便销售一空。不过“信托热”更应保持冷静头脑，买信托产品应当避免进入三大误区。

误区一：信托公司都一样

我国有多达几十家信托公司，有央企系、银行系、地方政府系、上市公司系等，大型央企控股的“中”字号信托公司由于股东背景实力强，所以相对稳妥一些。同时，各家信托公司风格不一样，有的比较激进，擅长房地产项目，有的则倾向于票据等稳妥项目，理财风格有所不同，业内经常发布一些信托公司的评级排行，也可以作为参考。另外，信托公司净资本也非常重要，根据《信托公司净

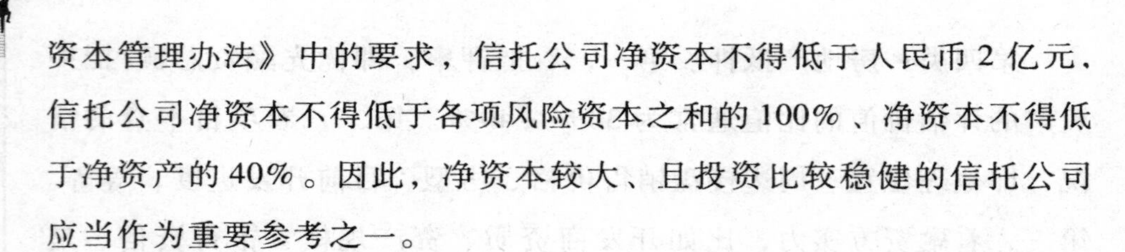

资本管理办法》中的要求，信托公司净资本不得低于人民币2亿元、信托公司净资本不得低于各项风险资本之和的100%、净资本不得低于净资产的40%。因此，净资本较大、且投资比较稳健的信托公司应当作为重要参考之一。

误区二：信托人人都适合

和当初全国人民抢购基金一样，如今信托的投资者中也出现很多老年朋友的身影。有的营销人员说信托产品老少皆宜，其实相对普通银行理财产品来说，信托资金多数投向因政策、抵押、利率等问题难以获得银行贷款的企业，所以，其风险程度比银行产品高。特别是信托均是一年以上的中长期产品，而且所有的提前终止条款都是由信托公司说了算，客户中途不能终止，信托存在较大的流动性风险。因此，抵御风险能力较弱且对流动性有一定要求的老年朋友不适合购买信托产品。

误区三：收益率越高越好

有人买信托也和买银行理财产品一样，哪家高就买哪家的，这也是一大误区。一般情况下，收益率越高，风险就越大，信托虽然不和银行理财产品一样有星级的风险评价，但根据投向不同，其风险程度和收益也有差距。比如房地产信托年收益能达到12%，工商企业为10%，限售股票质押为9%，上市流通股质押为8%，相对来说，收益高的房地产信托肯定不如流通股质押的项目稳妥，高收益的前提是要承受高风险。因此，买信托不能只看收益率高低，更要看投向哪里，抵押物是什么，抵押率是多少，进而根据自己的风险承受能力选择相应收益的产品。

第二十七节　常见理财工具的对比

俗话说“君子爱财，取之有道”，投资理财的核心也可以归结到投资工具的选择上。就像好马要配好鞍一样，在上马之前应该充分了解“马”和“鞍”的特性，并慎重选择它们，才能使它们“驮”你步上青云。而这确实需要费一番心思。

投资目标必须依靠操作投资工具来实现，所以投资人在设定投资目标后，还要选择适合自己的投资工具进行投资。在众多的投资工具中，应把握不熟不用的原则，在决定投入资金之前先问自己对选择的投资工具了解到什么程度。对各种工具在风险、获利、变现等方面的特性，是否已有了健全的认识。目前国内常用的投资工具所具备的特点就如表 28 – 1 所示，各有优劣，各有所长。

表 28 – 1　投资工具比较表

投资工具	安全性	获利性	变现性
银行存款	高	低	好
短期票据	高	低	好
长期债券	高	低	尚可
股票	低	高	好
房地产	高	受时期、地段影响	差
黄金	价格波动大	中等	一般
外币存款	有汇率风险	中等	好
期货	低	高	好
保险	高	低	一般

另外，投资专家也常把各种投资工具的风险高低和报酬优劣做排列区分，提醒投资人注意，再配合自己的需求及偏好，决定投资组合。必须再考虑的是，选择投资工具时，个人或家庭的主观需求与意愿和客观存在的投资工具的特性要力求配合，千万不可人云亦云，盲目跟着别人投资。

其中，由于1994年国家放松外汇管制后，国内的投资者在海外进行投资不仅成为可能，而且也是进行投资理财时应该考虑在内的重要渠道。